消防の化学

化学物質の安全な取り扱いのために

横川勝二・山本 仁 監修
村田静昭・富田賢吾 共著

培風館

装幀　山崎　登

本書の無断複写は，著作権法上での例外を除き，禁じられています。
本書を複写される場合は，その都度当社の許諾を得てください。

はじめに

　理系学部を擁する大学での事故の特徴の一つに，さまざまな化学物質がかかわる事故を上げることができる。実際，大学や理系の研究所での重大事故として化学物質が原因となった火災と爆発の例が多数報告されている。大学の校舎や実験室における火災は，火元となった研究とは無関係の大勢の人達の生命や身体に危機をもたらすだけでなく，貴重な研究資料や高価な実験機器を直接焼損するのみならず消火時の散水や消火剤によっても損壊する。さらに，周辺の建物や環境への影響，場合によっては近隣住民の避難など，キャンパスの内部だけでなく地域・社会に多大な迷惑を及ぼすことにもなりかねない。火災が発生しないように防火対策を講じることがリスクを軽減するために必要であるが，万一出火した場合には被害を最小に留めるために正しい行動をとることも重要である。

　本書は，読者諸氏に火災の根本にある燃焼についての正しい化学的知識をもってもらうことから始まり，燃焼の制御と火災の予防，万一の場合の消火および2次災害など事故拡大防止に必要なことを科学に基づき解説し，防火と火災に遭遇した時の対応を安全にかつ最も効果的に実行できるような準備と心掛けをもってもらうことを目的として記した。

　大学において化学物質を取り扱った教育研究に従事している教職員または学生諸氏にとって，本書での説明はほとんど完璧に理解記憶している内容・レベルと言っていいほどのものだと思う。ところが，筆者らが化学物質による事故防止と安全教育について従事して以来10年以上になるが，筆者らが学生時代（40年以上前）に起こっていたものと何ら変わらない

i

事故が頻繁に繰り返されている現状を目の当たりにしている。

　この40年間の化学の進歩は顕著で，数多くの新しい物質が生み出され，それらが実生活に応用されて医学，電気通信などの分野に革新をもたらしてきただけでなく，物理学や生物学などの他の基礎サイエンス発展の下支えにもつながっている。それなのに，最も重要な項目である安全ということにおいて，40年間ほとんど前進が見られない，むしろ退化しているとしか思えない現状はどう変えていけばよいのだろうか。

　今では役に立つほとんどの試薬が論文で発表されてから数年以内に市販され，誰でも入手可能となっている。その結果，筆者らの学生時代には自ら発火性禁水性物質を使って精製・合成しないと手に入らなかった，例えば無水テトラヒドロフランTHFやブチルリチウムのようなものが1日もあれば業者が必要なだけ配達してくれる。また，分析機器が進歩してわずか1mgにも満たない量で化合物の構造が決定でき，自動合成装置の進歩によって条件を変えたいくつもの反応を一度に終わらせることもできる。しかも，慎重さを擁する反応の仕込みでも，直接天秤で薬品を秤取るのではなくマイクロピペットなどを使いワンタッチで溶液の体積を秤取るだけで済んでしまう。その後は，機械が自動的に処理し，最終分析結果を与えてくれる。これでは研究者は単に薬品を混ぜるだけになってしまい，たとえば試薬を10gスケールで取り扱い，溶媒を100mLスケールで加熱するなど，以前は当たり前と考えられていた化学物質の取り扱い経験を積むことができない。ましてや，反応の進行で認められる発熱やガス発生などの変化を体験することもできない。事故の防止には非定常的（想定外）な事態への対処に必要な知識や経験を積むことが大切であるが，その最も基礎的なトレーニングが普段の研究活動からはできないのである。

　一方でIT技術の進歩は，バーチャルリアリティーの活用によって危険を伴う実験や操作から学生を隔離し，合わせて臨場感を持たせた教育の実現に役立っている。ところが，このような教育方法では，たとえ実験器具を正確に組み立て，反応を行うための知識を身に着けたとしても，たとえばその装置がどれほど重く，熱く，硬くて実際に扱いにくいかを知ること

はできない。

　コンピュータを使った情報検索は，膨大な数のデータの山から調べたい内容について一瞬で回答を得ることを可能にしている。かって筆者らが頻繁に行っていた，図書館に籠り論文誌やケミカルアブストラクトなどの権威ある2次情報誌の冊子体の山と格闘する必要はなくなった。経験を積んだ研究者にとってインターネット上の情報は，新しい知識や異分野の広い知識を迅速に入手できる優れたものである。しかし，経験の浅い学生や若い研究者にとって，このようにして得られた知識は極めて断片的であり，他の関連事項と有機的に結び付けることが困難となる。さらに，ヒットしなかった文献については知らずに済ましてしまう。化学は現実の物質に即した学問であるから，学生や若い研究者諸氏には，実験することによって実際に化学物質に触れる体験以外からは得ることのできない知識，さらには多様な知識を連携させながら未知のことを推察する知力の涵養に努めてもらいたい。

　このような考えから，筆者らは化学物質を扱う時に留意することについて実践的な書を記すことにした。その第一編として，研究に使う化学物質だけでなく身の回りにあるものに関する燃焼，およびそれが原因となる火災について，実際に研究室で発生した火災の実例をあげ，直接の原因またはバックグラウンドにある要因などについて，燃焼の化学を基に説明することで，読者諸氏が学んできた知識と融合させることで事故防止への教育効果を上げることを目指した。

　　2018年4月

　　　　　　　　　　　　　　　　　　　村田　静昭

目　次

1章　酸化・還元反応と燃焼・火災の実体————1

1－1　物質の酸化と酸化数　1

1－2　燃焼：急激な酸化反応　4

1－3　完全燃焼と不完全燃焼　7

1－4　爆　発　8

1－5　有毒ガス　12

2章　燃焼の3要素————19

2－1　可燃物：還元剤　20

2－2　引火と発火　25

2－3　酸　化　剤　29

2－4　エネルギー　39

3章　消化の原理と消化器・消火剤————45

3－1　難燃性物質・不燃性物質　45

3－2　消化の原理と消火剤　46

3－3　火災に応じた消火剤の選択　48

3－4　消化活動における事故防止　51

4章 火災防止と危害防止—日頃から注意すべきこと——57

4-1 燃焼の3要素の隔離　57

4-2 安全な化学物質の廃棄　58

4-3 適切な器具・機器の使用とフェイルセーフの導入　60

5章 大学における事故例から見たラボの安全——63

5-1 ラボで頻発する火災爆発事故原因　63

5-2 爆発事故のリスク軽減　66

最後に　実験者の意識改革，リベラルアーツの重要性——69

用語解説————71

索　引————73

コラム

1　大学における爆発事故……………………………………… 9

2　自動車排ガス中の大気汚染物質とその浄化……………… 16

3　リチウムイオン電池の発火………………………………… 24

4　旅客機の酸素発生装置……………………………………… 35

5　一般用電化製品と化学実験………………………………… 42

1章

酸化・還元反応と燃焼・火災の実体

1-1 物質の酸化と酸化数 ──────────

　燃焼は，酸化還元反応の一つである。電子が不足した酸化剤と電子が余っている還元剤が接触して，還元剤から酸化剤に電子が移動することによって酸化還元反応が起こる。化学反応である燃焼が起こるには，必ず酸化剤と還元剤が揃っている必要がある。これらが，次章で説明する燃焼の3要素のうちの二つ，すなわち酸化剤と可燃物（還元剤）に該当する。

　電気陰性度（**表 1-1**）は，物質を構成する原子が電子を引きつける力の強さを表わす相対的な尺度である。すなわち2種類の原子の結合では，電子は電気陰性度の値の大きな原子に引き寄せられているとみなせる。また炭素 2.55 がほぼ中間となり，これより大きな値の原子は一般に還元されやすく，小さな値のものは酸化されやすいと考えることができる。リチウム，ナトリウム，マグネシウム，ホウ素，アルミニウム，ケイ素，水素のような電気陰性度の小さい元素から構成されている物質には，たとえば水素化アルミニウムリチウム $LiAlH_4$，ブチルリチウム C_4H_9Li，ジボラン B_2H_6 などのように還元性物質として働くものが多い。硝酸 HNO_3，塩素酸 $HClO_3$ のように電気陰性度の大きな元素から構成されているものには酸化性物質が多い。ただし，物質の酸化性あるいは還元性の強さは電気陰性度だけで評価できるわけではない。

　酸化あるいは還元にともなう物質の変化をわかりやすく知るためには，酸化数という指標の変化を見ればよい。酸化還元反応の前後では，還元剤

1

表 1-1　元素の周期表と主な電気陰性度

族 \ 周期	1	2	3	4	5	6	7	8	9	10	11	12	13	14	15	16	17	18
1	H 2.20																	He
2	Li 0.97	Be 1.47											B 2.07	C 2.50	N 3.07	O 3.50	F 4.10	Ne
3	Na 1.01	Mg 1.23											Al 1.47	Si 1.74	P 2.06	S 2.44	Cl 2.83	Ar
4	K 0.91	Ca 1.04	Sc 1.20	Ti 1.32	V 1.45	Cr 1.56	Mn 1.60	Fe 1.64	Co 1.70	Ni 1.47	Cu 1.75	Zn 1.22	Ga 1.82	Ge 2.02	As 2.20	Se 2.48	Br 2.74	Kr
5	Rb 0.89	Sr 0.99	Y	Zr	Nb	Mo	Tc	Ru	Rh	Pd	Ag	Cd	In	Sn 1.95	Sb	Te	I 2.66	Xe
6	Cs 0.86	Ba 0.97	*	Hf	Ta	W	Re	Os	Ir	Pt	Au	Hg	Tl	Pb 2.33	Bi	Po	At	Rn
7	Fr	Ra	**	Rf	Db	Sg	Bh	Hs	Mt	Ds	Rg	Cn	Nh	Fl	Mc	Lv	Ts	Og

ランタノイド *	La	Ce	Pr	Nd	Pm	Sm	Eu	Gd	Tb	Dy	Ho	Er	Tm	Yb	Lu
アクチノイド **	Ac	Th	Pa	U	Np	Pu	Am	Cm	Bk	Cf	Es	Fm	Md	No	Lr

出典）　A. J. Gordon, & R. A. Ford, "The Chemists Companion" John Wiley & Sons, New York, 1972, pp.82–87.

の酸化数が増加し酸化剤では減少する。酸化数を求めるには，電気的に中性な物質（分子）を構成している各元素について単体または同じ元素と結合しているときには0を，その元素より電気陰性度の大きな元素と結合しているときは＋1を，電気陰性度の小さな原子と結合しているときは－1を与える。対象とする原子についてすべての値の総合計が酸化数となる。二重結合，三重結合を作っている場合は，同じ原子がそれぞれ2個または3個結合していると数える。電荷をもったイオンでは，電荷の量を結合から求まる合計に加えたものに相当する（**表1-1，表1-2**）。

　酸化数が最小値のものは最も酸化されやすく燃焼しやすい。また，最大の酸化数にある物質はもはやそれ以上酸化されることはなく，言い換えると燃焼しない。たとえば，水素分子 H_2 では水素の酸化数は0，水 H_2O では水素および酸素の酸化数はそれぞれ＋1および－2である。二重結合をもった二酸化炭素 CO_2 では，炭素の酸化数は＋4，酸素は－2である。水

表1-2　典型的な物質における炭素原子の酸化数

物質名	分子式	酸化数		
		炭素1	炭素2	炭素3
メタン	CH_4	-4		
メタノール	CH_3OH	-2		
ホルムアルデヒド	H_2CO	0		
ギ酸	$HCOOH$	+2		
塩化メチル	CH_3Cl	-2		
ジクロロメタン	CH_2Cl_2	0		
クロロホルム	$CHCl_3$	+2		
エタン	CH_3CH_3	-3		
エタノール	CH_3CH_2OH	-3	-1	
アセトアルデヒド	CH_3CHO	-3	+1	
酢酸	CH_3COOH	-3	+3	
エタンジオール	$HOCH_2CH_2OH$	-1		
エテン	CH_2CH_2	-2		
アセチレン	$CHCH$	-1		
プロパン	$CH_3CH_2CH_3$	-3	-2	
乳酸	$CH_3CHOHCOOH$	-3	0	+3
ブタン	$CH_3CH_2CH_2CH_3$	-3	-2	
ジエチルエーテル	$CH_3CH_2OCH_2CH_3$	-3	-1	

$$H_2(g) + \frac{1}{2} O_2(g) = H_2O(g) + 243\,kJ$$

$$CH_4(g) + 2O_2(g) = CO_2(g) + 2H_2O(l) + 891\,kJ$$

図 1-1　水素とメタンの燃焼

素分子が燃焼して水を生成する反応では，水素の酸化数は 0 から + 1 に，酸素は 0 から − 2 へとそれぞれ変化するために，還元剤は水素で酸化剤は酸素となる。同様にメタン CH_4 の燃焼では，炭素はススC，一酸化炭素CO または二酸化炭素 CO_2 に変化するために，酸化数は − 4 から 0，+ 2 または + 4 へと変化する（**図 1-1**）。化学式の後に示した（g）と（l）は，それぞれ気体と液体の状態を表わす。

1-2　燃焼：急激な酸化反応

　酸化還元反応は一般に発熱反応である。反応で発生する熱エネルギーの量は**図 1-1** に示したような熱化学方程式から求まる反応熱で見積もることができるが，物体の温度上昇はこの値から予想することはできない。反応による温度上昇は，単位時間に発生した熱量と発生した熱の伝わり方，すなわち単位時間に起こった化学変化の量（反応速度）と熱伝導・熱拡散に依存する。

　金属の酸化（鉄クギの錆(サビ)の発生）のようなゆっくりとした反応では単位時間当たりの発熱量が小さいので，熱伝導性の大きな金属の固まりに熱が拡散して温度上昇は認められない。

　一方，化学カイロは，還元剤である鉄を表面積の大きな粉末とすることで反応速度が大きくなり，単位時間当たり大きな熱が発生する。発生した熱は保温効果のある材料（オガクズなど）に閉じ込められるため利用できる（**図 1-2**）。

　燃焼は，短時間に大きな熱や力を生み出すことのできる反応である。通常の燃焼反応では空気中の酸素が酸化剤として働くので，還元剤（可燃物）は気体の酸素と効率よく接触・混合できる状態，たとえば固体では粉

4

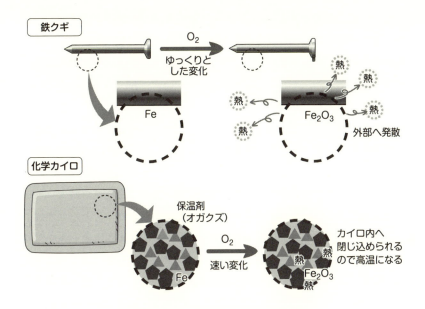

図1-2　くぎと化学カイロの熱拡散

末または多孔質，液体では霧状（スプレー）または気体である方が望ましい。固体燃料である木炭やコークスは多孔質であり，近代的な石炭火力発電所では粉末にした石炭を燃やしている。ガソリンエンジン，ディーゼルエンジン，ジェットエンジンなどの動力機械は，燃料を気体またはスプレーとして供給し，適当な量の空気と混合することで，燃焼の速度を制御し安定的にエネルギーを取り出すことができる。

　図1-3(a)はディーゼルエンジンの模式図で，上部左側のバルブから空気がシリンダー内部に取り入れられて，ピストンで圧縮されると高温（500℃以上）の空気となる。ここに中央のバルブから燃料のスプレーが噴射されると爆発的に燃焼してピストンを押し下げる。この力を動力として取り出す。最後に右のバルブから排気ガスを排出する。

　図1-3(b)に模式図を示した芯を使ったタイプの石油ストーブでは，毛細管現象で芯に吸い上げられた燃料の灯油は先端で熱せられ気体になり，ここで空気と混ざって燃焼する。芯を外部に露出させる量に応じて発生す

1章　酸化・還元反応と燃焼・火災の実体　5

る気体の量が調整できるので、ストーブの発熱量は調節できる。ところがガソリンのように灯油より蒸気圧が高い物質を燃料に使うと、芯以外からも大量の可燃性蒸気が発生し、全体が大きく燃え上がるので燃焼を調節できず危険である。

　ビーカーに入れた状態でエタノールに火をつけると、ビーカーの口付近から外側の部分で炎を上げて燃焼するが、ビーカー内部の液の表面付近では燃焼しない（図1-3(c)）。室温であっても、エタノールは燃焼するのに十分な量の気体が液の表面から発生している。しかし、ビーカー内部では燃焼上限濃度以上の状態、すなわち蒸気の量が多すぎて空気（酸素）不足のために燃焼しない。ビーカーの外側では空気の供給が十分となり燃焼する。上部の炎の熱は下部に伝わりにくく、ビーカー中のエタノールの温度はほとんど上昇しない（外部からの熱はエタノールの蒸発による吸熱と平衡になる）ので、燃焼する蒸気の発生量もほぼ一定となり、この状態では燃焼が継続しても炎が大きくなることはない。一方、実験台の表面に広がったエタノールのように、空気と十分接触できる開放状態で点火すると液体の表面全体から燃焼する。このときは、燃焼熱で温度が上昇し、液面でのエタノールの蒸発による供給が増え、炎は次第に大きくなる。

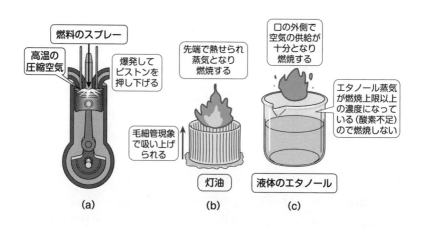

図1-3　エンジン(a)，石油ストーブ(b)，エタノール(c)の燃焼

薪（木材）や石炭などの固体燃料は大きな塊であっても炎を上げて燃焼する。このときは，燃料が熱せられることによって，熱分解で生じた可燃性の気体が燃焼することによる。また，木炭やコークスのように炭素の固体が直接燃焼することもある。固体燃料を用いるストーブや旧式のボイラーなどでは，発熱量を調節するためには加える燃料と空気の量を調節する必要がある。ここで，熱量を増加させるために新たに燃料を加えてもこれらが燃え出すには時間がかかる。また，熱量を減少させたり，停止させるには，燃焼している燃料を外部に取り出す，空気供給を遮断する，または燃え尽きるまで待つこととなり，燃焼の調節が困難である。

1-3 完全燃焼と不完全燃焼

都市ガス（メタン）や液化石油ガス（プロパン等）を燃料とする器具では，器具の不良などが原因で不完全燃焼により一酸化炭素が発生して中毒事故が起こることがある。メタンの燃焼を反応式で表すと，**図 1-4** のようになり，メタン 1 モルに対して酸素 2 モルが必要となる。すなわち，空気中（酸素分圧約 21％）でのメタンの燃焼には，メタンの体積に比して約 10 倍の体積の空気が必要ということになる。しかし，実際には燃焼による酸素とメタンの消費にともなう濃度低下，さらには気体分子の拡散など複雑な原因によって，理論的な燃料と酸素の混合状態を保つことができないので，化学反応式から求まる量の空気の何十倍という過剰量の空気が供給されないとすべてのメタンを完全燃焼させることはできない。

ガスコンロの空気取り入れ口を閉じたような空気が少ない状態でも，メタンはオレンジ色の炎を上げて燃焼し，黒色のススを発生する。ススはメタンが熱で分解（脱水素）されてできる炭素の割合が極めて高い粒子状の物質である。オレンジ色の炎は，ススが燃焼することで光って見える現象で，ローソクの燃焼でも顕著に見られる。炭素原子と水素原子を比べると水素原子の方が酸素と先に反応しやすいので，燃料の成分として完全燃焼により多くの酸素を必要とする炭素の割合が次第に大きくなり不完全燃焼でススを生成させる。

1章　酸化・還元反応と燃焼・火災の実体　7

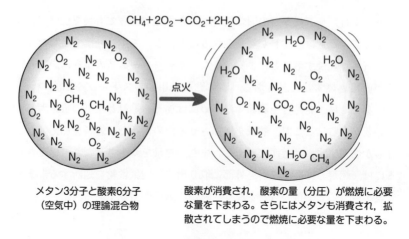

図1-4 メタンの燃焼化学式とイラスト

　石油燃料の成分である飽和炭化水素では，一般式 C_nH_{2n+2} で炭素数 n が大きくなるほど炭素の構成割合は大きくなる。軽油（n = 18〜22 が主成分）は，ガソリン（n = 6〜9 が主成分）に比べ完全燃焼により多くの空気を必要とする。ディーゼルエンジンから黒煙が出やすい理由の一つである。

　実際には，ほとんどの燃焼には不完全燃焼の危険が伴っている。自動車の排気ガスには中毒の危険があるだけの量の一酸化炭素が含まれており，実際に事故も発生している。給湯などに使用するガスボイラーなどに排気装置が取り付けられていることも，一酸化炭素による事故防止対策である。不完全燃焼は火災による死亡事故の主要原因でもあるので，1-5節で説明する。

1-4　爆　発

　爆発は，強大なエネルギーの放出を伴う急激な体積膨張によって起こる。銃，打ち上げ花火，ロケットエンジンなどは爆発によって生じる大きな力を利用したものである。一方，爆発に伴うエネルギーは，音速をはるかに超える速さで伝播する衝撃波を生み出し，これが破壊的な被害をもたらす

コラム1　大学における爆発事故

　1991年10月2日大阪大学基礎工学部の半導体製造装置で，ガス爆発事故が発生し，学生2名死亡5名が負傷する事故が発生した。事故原因は，逆流防止装置の O リングのゴム材が酸化剤である亜酸化窒素 N_2O によって劣化し，原料であるシラン SiH_4 との混合が起こったためではないかと推測されている。この事故は，クリーンでスマートなイメージをもった最新半導体技術の裏側に潜むリスクに脚光を当て，大学のみならず産業界も含めて危険性の大きな特殊ガスの安全な取扱いを定める法令改正の契機ともなった。

　以下に，この事故の背景にある物質について化学的に解説する。ケイ素 Si は周期表で炭素の下にある元素なので，炭化水素に相当するケイ素-水素化合物やケイ素-アルキル基結合をもったさまざまな共有結合性化合物が知られている。ところが，炭素とは異なりケイ素は酸素と強く結合するので，自然界に単体のケイ素は存在しない。半導体に使われるケイ素単体（金属ケイ素）にはナインナイン（純度99.9999999%）やイレブンナインといった極めて高い純度が要求される。そこで原料である二酸化ケイ素 SiO_2 を一旦気体のケイ素化合物に変換することで高純度に精製している。さらに気体のケイ素化合物は，ケイ素単体を薄膜状に加工するためにも重要である。一方，シランのようなケイ素-水素化合物は還元性の大きな物質で空気に接触するだけで発火する。酸化剤である亜酸化窒素との混合は爆発を起こす。

　フッ素樹脂からなる Viton® ゴム製 O リングは，一般に耐薬品性に優れたものだが，酸化剤には侵される可能性がある。さらに締め付けなどによる機械的なストレスも加わって，しばらく使用すると劣化が起こることはあり得る。

　以上のような物質の性質に基づいたリスクを知り，消耗部品のチェック・交換などの対策も怠らないことが同様の事故の再発防止に役立つ。

1章　酸化・還元反応と燃焼・火災の実体　9

原因の一つである。実験室で使われる程度の量の化学物質または高圧ガスが原因で起こる爆発であっても，鉄筋コンクリート造りの頑丈な建物さえ破壊するような事故を引き起こすこともある。

コラム1は大阪大学で起こった発火禁水性のシラン SiH_4 ガスによる爆発事故を伝える新聞記事をもとにしたものである。この事故では2名の尊い命が失われた。

爆発が起こる原因は，一般に ① 高い圧力の気体による容器の破裂，② 化学反応すなわち化学物質の燃焼または分解によるものなど，大きく二つがある。前者 ① では，体積 (V)，圧力 (P) の初期状態で封じ込められた気体が容器の破損によって急激に外部に放出されることにより，最大で PV に相当するエネルギーが解放される。または，加圧下または低温下で液体であった物質が急激に気化することによる体積膨張が原因でも起こる。化学反応が原因となる ② には，自己反応性物質として消防法の危険物第五類（2章の**表2-7**参照）に指定されている物質の分解によるガスの発生と発熱による圧力上昇で爆発するもの，または急速な燃焼による燃焼ガスの発生と熱膨張による急激な圧力増加が爆発の原因となるものとがある。

爆発をともなって燃焼する物質には，酸化性物質と還元性物質を混合して作られた火薬やロケット燃料（推進薬）などがある。原始的な黒色火薬では，硝石（硝酸カリウムなど）が酸化剤として，木炭粉末や硫黄が酸化剤として混合されている。重量物を宇宙空間へ運搬する大型ロケットには，液化水素と液化酸素が燃料となっている。ロケットでは，爆発的燃焼の力を一定方向に向けることで飛行を制御している。

水素やプロパンなどの可燃性ガスの漏れや揮発性有機溶剤から生じた可燃性蒸気の滞留などが原因で，空気との爆発性混合気体が生じる。気体どうしの化学反応速度は非常に大きいため，酸化性物質と還元性物質からなる混合気体に着火すると，急激な燃焼が起こり，圧力の急上昇により爆発が起こる。コンクリート建物がガス爆発で倒壊する事故も起こっている。

ガスボンベや石油タンクのような爆発の原因となる気体を閉じ込めておく容器などがなくても，火災現場では爆発が発生することに注意が必要である。建物火災の消火活動中，バックドラフトやフラッシュオーバーのよ

室内で火災が発生

ドアや窓が締まり密閉された室内で火災が起こり，内部の家具やカーテン，マットレスなどが燃え始めた。

高温

酸欠で火力弱まる
(消えたように見える)

火災は広がり室内は高温に熱せられているが，空気が供給されないために，酸欠・不完全燃焼・熱分解で発生した可燃性ガスが充満している。

爆発的燃焼

ドアを開けた。この瞬間，外部のフレッシュな空気が室内に流れ込み，内部に酸素が供給され，可燃性ガスが急激に燃焼し爆発する。

図 1-5 バックドラフトのイメージ

うな爆発的な燃焼の拡大により重大な被害が発生することがある。不燃性建材などで空気の供給が遮断された室内などで発生した火災は、内部は高温で可燃物（可燃性ガスなど）も残っているが酸素が供給されないために火勢が衰えたように見えるようになる。ここで不用意に、ドアを開く、ガラス窓を割るなどして空気の供給が回復すると、残っている可燃物が一気に爆発的な燃焼が起こる。この現象がバックドラフトである（**図 1-5**）。フラッシュオーバーは、局所的な火災によって熱せられた天井や煙層などからの放射熱によって、局所火源そのものあるいはその他の可燃物が強い加熱を受け、それによって急速な延焼拡大が引き起こされ全面火災に至る現象である。

1-5 有毒ガス

　火災で人命を失う最大の原因は有毒ガスと煙である。紙のように炭素、水素、酸素のみから構成されている物質の完全燃焼では、二酸化炭素と水が生成するだけで、発生ガスは無毒である。しかし、これらの材料でも不完全燃焼になれば有毒な一酸化炭素を発生させることになる。一酸化炭素は、無色無臭のガスで 0.15% の濃度を 1 時間吸引すると死に至るほどの急性毒性を示す。低い濃度であっても、脳神経系に障害をもたらし意識喪失などにより避難行動を阻害する（**表 1-3**）。

　一方、構成元素として炭素、水素、酸素以外のヘテロ元素が含まれる物質は不完全燃焼を起こしやすく、一酸化炭素が発生しやすい。たとえ完全に燃焼したとしても次のような有毒ガスが発生する。たとえば、窒素酸化物（N_2O, NO, NO_2）は高温で空気中の窒素と酸素が反応することでも発生するが、窒素を含んだ有機化合物の燃焼からも生成する。窒素を含んだ物質からは、窒素酸化物に加えて不完全燃焼によってシアン化水素 HCN、シアン CN_2 やニトリル類 RCN など多種類の猛毒ガスが発生する。硫黄を含んだ物質からは燃焼によって二酸化硫黄 SO_2 が発生する。また、塩素を含んだ有機化合物が燃焼または熱分解を起こすと塩化水素 HCl やホスゲン $COCl_2$ が発生する。これらの物質は猛毒であるばかりか、呼吸器や目

表 1-3　一酸化炭素の性質

項目		解説
気体密度，標準状態 (0℃，0.101MPa)	1.250 g/L	空気（1.293 g/L）に比べ少し軽い
水 1L への溶解度，25℃	0.026 g	水にはほとんど溶けない
燃焼下限	12.5%	非常に燃焼しやすい
燃焼上限	74.0%	
許容濃度	50 ppm	濃度（ppm）×暴露時間（h）
短時間暴露許容濃度	400 ppm	＞300 で危険，
最小致死濃度	650 ppm	＞1500 で致死的

を激しく刺激し，激しい咳，呼吸困難，視覚障害などを引き起こす。避難や消火活動の際に燃焼で生じるガスを吸引することは命にかかわる危険性がある（**表 1-4**）。

　工場のボイラーなどの排気に含まれる窒素や硫黄の酸化物は，1960 年〜70 年代の四日市喘息や川崎喘息のような公害事件の原因となったが，現在でも自動車排ガスによる環境破壊は深刻で，これを防止するために排ガス浄化システムが取り付けられている（**コラム 2**）。

　不完全燃焼は，有毒ガス以外にも大量の黒煙やススなどを発生させる。これは光を遮り暗闇状態をもたらすので避難が困難になり，重大な人的被害をもたらす原因となる。火災にともなって発生した黒煙や有毒ガスは，高温で密度の小さいため，天井など室内の上部から滞留を始める。火災が発生し，報知器が作動し始めた時点では，床面などの下層部の煙の濃度はまだ大きくないので視界が確保できる。できるだけ姿勢を低くして床に沿って避難することが最善である。避難時に口や鼻にハンカチなどを当てるとより避難が楽になる。また，黒煙や有毒ガスは火元の室から開口部を通して周囲に急激に拡散するので，避難するときは窓や出入口を閉めてい

1 章　酸化・還元反応と燃焼・火災の実体　13

表1-4 火災時の主な有毒ガス

物質	化学式	分子量	毒性・有害性：吸入致死量, LDLo[*1)]など	解説
シアン化水素	HCN	27.0	刺激性，180 ppm・10 min で致死量になる	水に溶け，弱酸性を示す
シアン	$(CN)_2$	52.0	刺激性，16 ppm で中毒を起こす	
アセトニトリル	CH_3CN	41.0	LC_{50}[*2)] = 16000 ppm	可燃性，水に溶ける
アクリロニトリル	$CH_2 = CH$ $\overset{\|}{CN}$	53.1	刺激性，発がん性	可燃性
二酸化イオウ	SO_2	64.1	刺激性，400 ppm・短時間で致死量となる	水に溶け，弱酸性を示す
塩化水素	HCl	36.5	眼に強い刺激，許容濃度5 ppm，1500 ppm・2 分で致死量となる	水によく溶け，強酸性と示す
ホスゲン	$COCl_2$	98.9	刺激性，25 ppm・30 分で致死量となる	水と反応し，塩化水素と二酸化炭素に分解する

＊1) 最小致死量
＊2) 半数致死濃度

くことも安全な避難にとって重要である。

　図1-6 の数枚の写真は，我々が実際に実験台の下に置かれた実験廃棄物に着火した実験の様子を示したものである。実験廃棄物は，使い捨ての手袋，ビニール袋，ピペットの使い捨てプラスチックチップ，ティッシュペーパーなどを処理業者に引き渡すための段ボール箱（容量70 L）に詰めたものである。実験台は木製のものである。着火から3分後には箱から黒煙を上げて炎が上がり，すでにこの時点で室内の視界はかなり失われて

<室　内>　　　　　　　＜廊　下＞

最初

燃焼開始から2分後の廊下

3分後

扉開放（燃焼開始から3分後）

6分後

扉開放から3分

15分後

図1-6　火災実験写真

1章　酸化・還元反応と燃焼・火災の実体　15

いるが，下層部はまだ視界が残っている。ここで部屋の扉を開放すると，急激に黒煙は廊下に流れ出た。さらに３分後実験台に火が燃え移った状態となり，室内は真っ暗になっている。このとき，廊下の視界もかなり悪くなり避難に支障がある様子が見て取れる。低い姿勢でないと避難は困難である。

コラム2　自動車排ガス中の大気汚染物質とその浄化

　ガソリンエンジン自動車の排ガスには，主な大気汚染物質として炭化水素，一酸化炭素，窒素酸化物が含まれる。これらは，直接健康被害をもたらすだけでなく光化学スモッグの原因物質や酸性雨となって環境を破壊する。ディーゼルエンジン自動車からは，主に粒子状物質（黒煙），一酸化炭素，窒素酸化物が排出される。これらの中で窒素酸化物は酸化性をもった物質で，その他は還元性をもっている。したがって，燃焼条件をコントロールして，たとえば窒素酸化物を減少させるようにすると，逆に一酸化炭素などが増えるというトレードオフの関係になり，排ガスによる環境汚染問題の解決は容易でなかった。

　ガソリンエンジンでは，空気の量を少なくして燃焼温度を下げて窒素酸化物の発生量を低下させている。こうすると，白金のような貴金属触媒（三元触媒）を用いて，不完全燃焼で生じた炭化水素と一酸化炭素によって窒素酸化物が還元でき，一気に三つの汚染物質を減少させる排ガス浄化装置を取り付けることで排ガス問題が改善された。触媒の劣化を防ぐために二酸化硫黄を取り除く必要があったが，これはガソリン中の硫黄分を取り除くことで達成された。日本のガソリン中の硫黄分は，硫黄酸化物の排出削減の目的から，世界最高レベルの 10 ppm 以下に規制されている。2015 年現在このレベルの規制が行われている国はアジアでは韓国と台湾を合わせた３か国にすぎない。

　ところがディーゼルエンジンでは，燃料に比べて空気が多い状態で高温燃焼させる必要があるため，排ガス中に窒素酸化物が多量に含まれる。

さらに，ディーゼル車の排ガスをそのまま触媒装置に通して浄化しようとすると，粒子状物質による目詰まりが起こり使用できなくなってしまう。粒子状物質の問題は，エンジン内部への燃料の噴射を電子的に制御する装置（ドイツの技術）と炭化ケイ素 SiC またはセラミック製の多孔質無機材料フィルター（いずれも日本の技術）が実用化されるようになり解決できるようになった。フィルターに粒子状物質が溜まりだすと，燃料噴射装置が燃料の供給量を少なくし結果として排ガス中の酸素の量を増やす。こうなると，粒子状物質はフィルター上で高温の排ガスによって燃焼し，目詰まりを防ぐことができる。フィルターを通した排ガスは浄化触媒などで処理できるようになるが，未だにガソリンに比べて燃料の軽油中の硫黄の濃度が高い国が多い（日本では 10 ppm 規制）ため汚染物質の削減は難しい。最近ニュースとなった，ドイツのメーカによる不正ソフトを使ったディーゼル車の排ガス規制逃れ事件は，この問題の難しさを物語っている。

1章　酸化・還元反応と燃焼・火災の実体　17

2章

燃焼の3要素

　前章で燃焼と火災に関係する基本的なことを説明した。ここでは，燃焼と火災予防について化学的に解説する。燃焼には三つの要素が必要である。この3要素とは，前章で出てきた酸化剤と可燃物の二つと，残り一つがエネルギー（熱）である。燃焼は大きなエネルギーを生み出す反応なので，一見エネルギーが必要だということは考えにくいかもしれない。燃焼の要素としてエネルギーの役割の一つは，化学反応における活性化エネルギー，すなわち燃焼を開始させるための引き金のようなものと考えてよい。単に酸化剤と可燃物が揃っていても，外部から活性化エネルギーが供給されない限り化学反応，すなわち燃焼反応は起こらない。

　エネルギーのもう一つの大きな役割は可燃物の供給である。たとえば固体や液体の可燃物は，表面積が小さいためそのままでは空気中の酸素分子と反応するための衝突を起こすことが稀である。ところが，外部のエネルギーによって可燃物の気化または熱分解で可燃性の気体を生じると，気体どうしの化学反応系が生み出され燃焼は容易となる。

　このように，酸化剤や可燃物は成分や化学構造式から予測できるような反応性以外に，物質の物理化学的な性質や状態など多くの性状が燃焼に関係している。

　日本では，消防法という法律によって，主に燃焼の3要素に基づいた視点から，火災の原因となるさまざまな物質を酸化剤または可燃物物質として，さらにそれぞれを常温で液体または固体の合計4通りに区別して，これらが残り二つの要素と組み合わされないように規制を行っている。さらに，3要素のうち二つを備えているとみなせる危険性の大きい物質を発火

性・禁水性物質（可燃物と熱を備える），または自己反応性（爆発性）物質に指定して，より厳しく規制している。消防法では規制を行う基準となる量を指定数量として定めており，一般に指定数量の小さな物質ほど火災の危険性が大である。しかし，たとえばガソリンや灯油のように，すでにある民間等での使用実績を考慮して指定数量が定められたものもあるので，指定数量だけから危険性を評価してはいけない。常温で気体の物質で 1 MPa 以上の圧力でボンベなどに充填されたもの，および液化ガスのうち火災に関係するものは，それぞれ可燃性または支燃（酸化）性高圧ガスとして高圧ガス保安法によっても規制されている。

2-1　可燃物：還元剤

　酸素（分圧 21%）を酸化剤とする空気中での燃焼を考えると，酸素との結合エネルギーの大きな元素からなる酸化数の小さい物質が優れた可燃物となる。このような理由から，水素を多数含んだ気体または蒸気圧の大きな物質，たとえば分子量の小さい炭化水素（メタン，エチレン，プロパン）やエーテル（ジエチルエーテル）などの有機化合物は，−40℃以下の低温下に極めて小さな種火が存在するだけでも燃焼を始める代表的な燃えやすい物質である。

　発火性物質は，空気中に出しただけで酸素との反応で発熱し，種火の有無にかかわらず燃焼し始める性質をもった物質である。アルカリ金属，アルカリ土類金属やホウ素，アルミニウム，ケイ素，リンなどの水素化合物やそれらの有機化合物（BH_3，$Al(CH_3)_3$，SiH_4，PH_3など）が該当する。火災を避けるため，アルゴンや窒素のような不活性ガスの雰囲気で取り扱うこと，および酸素（空気）や水と接触しないように石油（白リンの場合は水）を保護液として使用することが必須である（**コラム 3**）。

　さらに，白リン以外の上述の発火性物質や炭化カルシウムは，水と急激に反応して大量の熱と水素，メタン，アセチレンのような可燃性ガスを発生する。空気中の水蒸気によっても分解する。その結果，自然発火または

表 2-1 危険物第三類の例

グループ	名称	化学式	指定数量	実験室での主な用途	注意すべき性質
アルカリ金属	リチウム	Li	10 kg	電池，有機合成	二酸化炭素と反応する
	ナトリウム	Na	10 kg	有機合成	二酸化炭素と反応する
	カリウム	K	10 kg	有機合成	二酸化炭素と反応する
アルカ類土類	カルシウム	Ca	10 kg		
	バリウム	Ba	10 kg		
金属水素化物	水素化ナトリウム	NaH	50 kg	有機合成	石油類に混ぜられて市販される
	水素化アルミニウムリチウム	$LiAlH_4$	50 kg	有機合成	二酸化炭素と反応する
金属炭化物	炭化カルシウム	CaC_2	50 kg	アセチレン発生	
有機金属化合物	ブチルリチウム	C_4H_9Li	10 kg	有機合成	ブチル基の構造に応じて性質が異なる。二酸化炭素と反応する。
	Grignard 試薬	RMgX	10 kg	有機合成	基 R の構造に応じて性質が異なる。二酸化炭素と反応する
	ジエチル亜鉛	$(C_2H_5)_2Zn$	10 kg	有機合成	
	アルキルアルミニウム	R_3Al	10 kg	高分子合成	基 R の構造に応じて性質が異なる。二酸化炭素と反応する

爆発が起こる。これらの物質は酸素や水以外に酸性の物質あるいはアルコールのようなプロトン供与性物質と接触しても，同様の反応が起こる。消防法ではこれらの物質を発火性・禁水性物質として危険物第三類と定めている。有機化学や高分子化学の実験室でよく使われる例を**表2-1**に示した。中でも有機金属化合物に属するブチルリチウムおよびアルキルアルミニウム化合物などは，空気に触れた瞬間に発火する。これが着衣や溶媒に引火して，重大事故が発生している。危険物第三類の発火性・禁水性物質の多くは，二酸化炭素とも激しく反応するので消火器を選ぶ際にも注意が必要となる。

　1族（Li，Na，K），2族（Ca），13族（B，Al）元素の水素化合物は，化学の実験室でよく使われている。これらは，固体または液体として市販されている。いずれの状態であっても発火性である。水素化アルミニウムリチウム $LiAlH_4$ は粉末状の物質として市販されていることが多いが，この粉末は空気中で秤量などの取り扱い中に発火する事故を何度も起こしている。必ず密栓できる乾燥ガラス秤量瓶を使い，空気中で開放した状態での取り扱いや薬包紙などの製品に接触させてはならない。乾燥窒素やアルゴンなどの不活性ガス雰囲気下で取り扱うのは望ましいが，軽い微粉末であるため周りに飛散しやすいので注意が必要である。塊状の水素化アルミニウムリチウムを使用するために乳鉢などで粉砕する作業中に爆発する事故も度々発生している。

　一見，安定しているように思われる遷移金属の化合物でも，低原子価の錯体には発火性のものがある。0価の鉄やニッケルのカルボニル錯体 $Ni(CO)_4$ などが該当する。

　常温で固体の可燃物は危険物第二類に指定されている。実験室でよく見かける危険物第二類に該当するものは，炭素，硫黄，赤リン，アルミニウムやマグネシウムなどの金属である（**表2-2**）。第二類に属する固体の可燃性物質は，一般に液体の可燃性物質に比べて常温での蒸気圧が小さいので近傍の種火が元で起こる火災リスクは小さい。また，固体表面における酸素気体との反応速度が気体どうしの反応に比べ小さいことが理由で，大

22

きな塊状のものや黒鉛のように表面が滑らかなものは比較的着火・燃焼しにくい。しかし，活性炭素のように多孔質状のものまたは削りクズや粉末になったものは，表面積が大きく酸素との反応が容易になるために着火しやすい。特に，微粉末状になった可燃性固体は，風などで舞い上がり空気中に漂った状態になると，小さな火種の存在で一気に爆発的に燃焼することがある。この現象が粉塵爆発（**図 2-1**）であり，コーンスターチ（デンプン）のように一見燃焼とは無関係に思えるようなものでも粉塵爆発を起こす危険性がある。

表 2-2　危険物第二類の例

グループ	名称	化学式	指定数量	主な用途	注意すべき性質
硫化リン	三硫化リン	P_4S_3	100 kg	硫黄化合物合成	水と反応し硫化水素 H_2S を発生
	赤リン	P	100 kg		
	硫黄	S	100 kg		
金属粉	アルミニウム粉	Al	100 kg	還元反応	二酸化炭素と反応する
	亜鉛粉	Zn	100 kg	還元反応，有機合成	
	マグネシウム	Mg	100 kg	還元反応，有機合成	二酸化炭素と反応する
	鉄粉	Fe	500 kg		
引火性固体	固形アルコール燃料		1000 kg	家庭用固形燃料	メタノールをゲルで固めたもので有毒である

2 章　燃焼の 3 要素　23

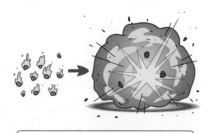

固体の燃焼	微粉末の燃焼
固体表面のみで燃焼するので，エネルギーの発生量は表面積に比例する。比表面積の小さな固体の燃焼は緩やかである。	表面積が大きな微粉末状の固体は，短時間で全体が燃焼し，大きなエネルギーを一瞬で放出する。

図 2-1　固体の燃焼と粉塵爆発

コラム3　リチウムイオン電池の発火

　リチウムイオン電池は（正確にはリチウムイオン2次電池），軽量，ハイパワー，かつ繰り返し充放電可能な高耐久性バッテリーとしてスマートホンなどの小型携帯端末から自動車や航空機などの大型機械に至るまでさまざまな機械に利用されている。しかし，最大の未解決な問題点として自然発火して火災を起こすリスクが存在する。

　リチウムイオン電池は，リチウム Li とリチウムイオン Li$^+$ との間の酸化還元反応を放電・充電に利用している。そのため起電力が約 4 V と大きい。一方，リチウムが発火性・禁水性物質であるため，通常のアルカリマンガン電池や鉛蓄電池のように電解液に水を用いることはできず，引火性物質である非プロトン供与性極性有機溶媒を用いている。充電時には過充電を防止する機構が必要である。万一過充電防止機構が正常に働かなくなると，充電量が適正な値を超えても負極でのリチウムイオンの還元は続き電極に金属のリチウムが析出し続ける。最終的には電極間でショートして急激に発熱する。こうなると電池の内圧が上昇し破裂を起こしリチウムが空気に触れて発火する。さらに，電解液に引火して火災となる。

パソコンやスマートホンが出火した火災事故と，これが元となるバッテリーに関係するリコール（部品交換など）は多数報道されている。航空機の貨物室に積み込まれたノートパソコンのバッテリーが火元と推測される火災で墜落事故が発生した例も複数に上っている。そのため，現在予備のバッテリーなどを航空機に持ち込むことは禁止されている。さらに，発売直後の最新鋭携帯端末が火災を起こし，航空機内への持ち込みが禁止になるなど問題が拡大して，最終的にメーカーが数千億円もの損害を被ったことも記憶に新しい。

　旅客機では，万一飛行中にエンジントラブルなどが発生して電力がすべて失われると，操縦用の動力のみならずレーダーや無線通信などの機能までもが失われてしまい危機的状態に立ち至る。停止したエンジンの再起動にも電力が必要である。実際に上空で全エンジンが停止したにもかかわらず，予備電源が使えたために人命にかかわる事故が回避できた例もある。最新鋭旅客機であるボーイング787型機には，軽量かつハイパワーであるという特長を生かして予備の電源にリチウムイオン電池が採用されている。しかし，運用開始後間もなくバッテリーから出火・発煙する事故が立て続けに発生したために，数週間もの間世界中のすべての機体が飛行を取りやめた。その後バッテリーは改修され，現在まで事故につながるようなトラブルは起きていない。

2-2　引火と発火

　固体や液体の可燃性物質とは異なり，活性化エネルギーを越えた状態で可燃性気体分子が酸素分子と衝突を起こせば反応するために，混合物に点火すれば急速に燃焼する。可燃性気体と空気との混合物が燃焼するかどうかは，可燃物の濃度（分圧）によって決まる。あまり濃度が低すぎても十分な可燃物が存在しないし，高すぎても酸素が不足しているので燃焼しない。密封容器中の空気と可燃物の混合気体にスパーク火花などで着火したときに，燃焼（爆発）が起こる最も低い可燃物蒸気の濃度が燃焼（爆発）下限であり，最も高い濃度が燃焼（爆発）上限である。**表2-3**に可燃性気

表 2-3 可燃性物質の例

可燃性ガス	化学式	分子量	引火点 (℃)	発火点 (℃)	燃焼限界(空気中) 濃度%(分圧)	
					下限	上限
水素	H_2	2.0	ガス	500	4.0	75
硫化水素	H_2S	34.1	ガス	260	4.0	46
アンモニア	NH_3	17.0	ガス	651	16	25
一酸化炭素	CO	28.0	ガス	609	12.5	74
アセチレン	C_2H_2	26.0	ガス	335	2.5	100
エチレン	C_2H_4	28.0	ガス	450	3.1	32
プロピレン	C_3H_6	42.1	ガス	498	2.4	10.3
メタン	CH_4	16.0	ガス	537	5.3	14
エタン	C_2H_6	30.1	ガス	510	3.0	12.5
プロパン	C_3H_8	44.1	ガス	467	2.2	9.5
ブタン	C_4H_{10}	58.1	-60	430	1.9	8.5
都市ガス 13A					4.6	14.6
都市ガス 6A					8.2	38.1

体の燃焼下限と上限の例を示す。燃焼下限と燃焼上限の間に相当する蒸気の濃度範囲が燃焼範囲であり，この範囲にある空気と可燃性蒸気の混合物は燃焼または爆発を起こす。燃焼下限の低い物質または燃焼範囲の広い物質（図 2-2 で横棒の始点が左側に寄っている，または棒が長い）は，さまざまな濃度条件またはごく少量のリークでも燃焼が起こることになるので，火災のリスクが大きい。

引火とは，空気中で外部からの火種が原因となって可燃性蒸気の燃焼が起こる現象である。可燃性液体の引火は，その物質の蒸気圧の大きさ，すなわち可燃物の温度が関係する。引火性液体の大気中での飽和蒸気圧が燃焼下限となる温度を越えたとき，燃焼性混合気体が生じ，近傍に火種が存在すると燃焼が起こる。その蒸気圧を与える温度が引火点である。

炭化水素，エーテル，アルコール，エステルなど一般の有機溶媒では，室温での蒸気圧が高く低い引火点をもつ。とくにガソリンやジエチルエーテルは，常温よりはるかに低温（フリーザー内の温度）でも引火するので火災の危険性が大きい。引火性物質は，密封した状態で冷暗所に保管して内圧の上昇と蒸気の漏えいを避けなければならない。

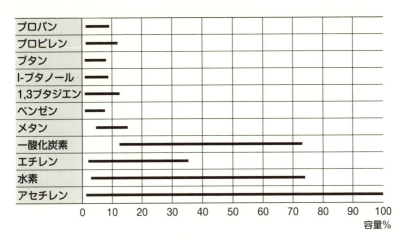

図 2-2　可燃性物質蒸気の燃焼（爆発）範囲

　これに対して，発火とは空気中である温度に達すると他に火種が無くても燃焼が始まる現象である。たとえば紙類や木材は，種類や状態によって異なるが，250℃以上に熱せられると燃え出す危険性がある。このように自然に燃え出す温度が発火点である。発火点の低い物質，特に 100℃ 未満のものは，空気中で取り扱っているだけで温度の高いものに触れて火災を起こすリスクが極めて大きい。これらの物質は，密封状態で冷暗所で保管するなどの注意が必要である。

　消防法では，危険物第四類（引火性液体）に相当する物質を火災の原因となる危険性（引火点，発火点，沸点）に基づいて，特殊引火物，第 1 石油類，アルコール類，第 2 石油類などに分類している。さらに第 1 石油類，第 2 石油類などでは水溶性に応じて水溶性物質と非水溶性物質に細分されている。それぞれの区分に応じて指定数量が定められている。

　特殊引火物には，1 気圧（0.1 MPa）において発火点 100℃ 以下，または引火点 −20℃ 以下かつ沸点が 40℃ 以下のものが指定されている。実験室で大量に使われるジエチルエーテルも該当する。

　第 1 石油類には，同じく引火点が 21℃ 未満のものが指定されている。ガソリンやトルエンのように水にほとんど溶けない（水に混ざらない）物

2 章　燃焼の 3 要素　　27

表2-4　危険物第四類の例

区分	物質名	分子式	分子量	沸点(℃)	引火点(℃)	発火点(℃)	指定数量	性質
特殊引火物	アセトアルデヒド	CH_3CHO	44.1	20.2	-38	185	50 L	水溶性
	ジエチルエーテル	$(C_2H_5)_2O$	74.1	34.6	-37	180	50 L	
	ペンタン	C_5H_{12}	72.2	34.1	-40	260	50 L	非水溶性
	二硫化炭素	CS_2	76.1	46.3	-34	100	50 L	非水溶性
第1石油類非水溶性	ガソリン				<-43	306	200 L	
	n-ヘキサン	C_4H_{10}	86.2	69	-18	234	200 L	
	ベンゼン	C_6H_6	78.1	80.1	-11	293*	200 L	
	トルエン	$CH_3C_6H_5$	92.1	110.1	4	116*	200 L	
	酢酸エチル	$CH_3COOC_2H_5$	88.1	78.1	-4	427	200 L	
第1石油類水溶性	アセトン	CH_3COCH_3	58.1	56.5	-20	465	400 L	
	アセトニトリル	CH_3CN	41.1	82	6	524	400 L	
	トリエチルアミン	$(C_2H_5)_3N$	101.2	89.7	-6.7	230	400 L	塩基性
	t-ブチルアルコール	$(CH_3)_3COH$	74.1	82.2	11	470	400 L	プロトン供与性
	テトラヒドロフラン	C_4H_8O	72.1	66	-14	321	400 L	
アルコール類	メタノール	CH_3OH	32.0	64.7	11	446	400 L	プロトン供与性
	エタノール	C_2H_5OH	46.1	78.3	13	384	400 L	プロトン供与性
	イソプロピルアルコール	$CH_3CHOHCH_3$	60.1	82.6	16	425	400 L	プロトン供与性
第2石油類非水溶性	灯油				40〜60	255	1000 L	
	クロロベンゼン	C_6H_5Cl	112.6	131	29.4	593	1000 L	
	p-キシレン	$CH_3C_6H_4CH_3$	106.2	138	25	530	1000 L	
第2石油類水溶性	酢酸	CH_3COOH	60.1	118.1	39	463	2000 L	酸性
	n-ブチルアルコール	C_4H_9OH	74.1	117	35	343	2000 L	プロトン供与性

＊）　報告されている値の中で最も低い値を示した。

質は非水溶性, アセトン, アセトニトリル, テトラヒドロフラン THF の
ように水によく混ざるものは水溶性物質である。

炭素数3以下の飽和一価アルコールはアルコール類である。メタノール,
エタノール, プロパノール, イソプロパノールアルコールが該当する。

引火点が21℃以上70℃未満の物質は第2石油類に区分されている。大
学の実験室などでよく見かける引火性液体危険物第四類に属する物質の例
を表2-4に示す。

表2-4からもわかるように有機溶媒の多くは, 特殊引火物または第1石
油類, アルコール類に区分されているものなので, 実験室ではこれらへの
引火に十分な注意を要する。発火点が300℃未満の物質（特殊引火物, ヘ
キサン, トリエチルアミンなど）は, 赤熱にまで至っていない状態であっ
ても, 高い温度の物質に接触すれば発火する恐れがある。

蒸気の密度は分子量に比例するので, 空気（平均密度29）より分子量
の大きな物質の蒸気は空気より重い。特殊引火物, 第1石油類, アルコー
ル類など, 引火点が常温より低い溶媒などを換気の無い場所で取り扱うと,
燃焼下限を越えた濃度の高い蒸気が実験台の天板表面や床面に沿って流れ
出る。蒸気は重いので拡散希釈されにくく換気の悪い所に滞留しやすい。
これに実験台や実験室床面付近に置いてある機器や電気スパークなどが原
因で引火することがある。このような引火事故のリスクを小さくするには,
実験台の天板や実験室の床面付近で吸気するような換気設備が有効である。
一方, 常温より引火点の高い物質は, 熱した状態で取り扱わない限り実験
室中で蒸気に引火する恐れはない。ただし, これらの物質でもスプレー
（霧）状にする, または布や紙に染み込んだ状態に置かれたものは容易に
着火する。

2-3 酸 化 剤

気体の酸素を酸化剤とする燃焼反応は, 酸素の濃度（分圧）の影響を受
ける。酸素分圧が空気中の約21%から数%上下することで燃焼の様子は
大きく異なってくる。たとえば14%まで低下すると燃焼はほとんど起こ

図 2-3　酸素濃度における人体への影響

らなくなる。これが，窒息消火すなわち可燃物の表面を不燃物で覆うことで酸素の供給を妨害することで火を消す方法の原理である。逆に酸素濃度の上昇は，燃焼速度を増加させるだけでなく着火温度を低下させることにつながり火災の危険性を増大させる。したがって，可燃性のオイルを用いたガス機器や通常の可燃性ゴム製品などで酸素ガスの供給を行うこと，または酸素ガスの近傍で火気や高温の物質を扱うことは厳禁である。病気などで酸素吸入を受けている場合には，静電気の火花など気が付かない程度の火種でも着衣や寝具に着火する恐れがある。

　このように窒息消火は有効な方法であるが，消火活動に従事する人間にとっては危険を伴う。図 2-3 のように私たちは酸素分圧が 18% 以上あることが，正常に活動できる条件である。16% 以下に低下すると，脳や身体の活動が鈍り火災現場などでは短時間で危機的状態に陥る。したがって消火活動時は有毒ガスに加えて酸素不足にも注意する必要がある。

　酸素以外にもフッ素 F_2 や塩素 Cl_2 は酸化性が大きいので，可燃性物質の酸化反応（燃焼）を起こす。空気よりも燃焼を促進する酸化性のガスは支燃性（助燃性）ガスとして取り扱いに注意を要する。高濃度酸素，亜酸化窒素 N_2O，一酸化窒素 NO，二酸化窒素 NO_2，二酸化塩素 ClO_2，三フッ化窒素 NF_3，三フッ化塩素 NCl_3，オゾン O_3 などが該当する。とくに高濃度の支燃性ガスは，可燃物に接触させると爆発的な反応を起こす。加熱分解反応などによって支燃性ガスを放出する固体または液体の酸化剤も存在

する。液化酸素，臭素 Br_2 やヨウ素 I_2 などのハロゲン単体，過酸化水素 H_2O_2 などの過酸化物，過カルボン酸 RCOOOH，過塩素酸 $HClO_4$，過マンガン酸 $HMnO_4$，硝酸 HNO_3，およびこれらの塩が該当する。

　可燃物の燃焼を助け火災の原因となる気体以外の酸化性物質は，危険物第一類（**表 2-5**）または危険物第六類（**表 2-6**）に指定されている。常温で固体の酸化性物質，すなわち硝酸塩，一般式 XO^{2-}，XO^{3-}，XO^{4-}（X はハロゲン）で表わされるハロゲンのオキシ酸塩，過マンガン酸塩，6価クロム化合物などは危険物第一類に該当する。

　第一類に該当する塩の元となる酸（硝酸，塩素酸，過塩素酸）や過酸化水素など常温で液体の酸化剤は第六類である。

　酸化性物質が可燃物と接触すると，発熱をともなった酸化反応が始まり，燃焼を助ける。そのため酸化性物質は支燃性物質と呼ばれる。この反応は，酸やその他の不純物（遷移金属塩など）が存在すると速やかに起こることもある。可燃物との混合物を不用意に熱したり衝撃を加えることによって爆発する。実験室で特に注意を要するものとして，ハロゲンのオキシ酸塩，たとえば塩素酸カリウム KClO や過塩素酸銀 $AgClO_4$ などがあげられる。これらは，大量の熱と酸素を発生しながら急激に分解し，過去に何度も事故を起こしている（**コラム 4**）。

　可燃物の発火点は，不純物の存在によって変化する。一般に支燃性物質（酸化剤など）や触媒として働く物質が含まれたものでは，着火する温度が低下する。または自然発火するものもある。水素を活性化させて二重結合などへの付加反応（還元）などに使われる遷移金属触媒（ニッケル，パラジウム，白金など）には，酸素を活性化できる作用をもつものがあり，それらは酸化反応の触媒としても働く。このような触媒を乾燥空気中で放置すると担持体である活性炭素もしくは触媒が付着したろ紙やティッシュペーパーなどから出火することがある。

　分子構造の中に酸化性の官能基（ニトロ基 $-NO_2$，硝酸エステル $-ONO_2$，過酸化物 $-O-O-$ など）をもった有機化合物は，燃焼の3要素のうちの二つが備わったものとみなせる。外部からの衝撃や加熱などの刺激によって

表2-5 危険物第一類の例

分類	物質名	化学式	指定数量	用途
塩素とハロゲンのオキシ酸	次亜塩素酸カルシウム	$Ca(ClO)_2$	1000 kg	さらし粉
	亜塩素酸ナトリウム	$NaClO_2$	300 kg	漂白剤
	亜塩素酸銅	$Cu(ClO_2)_2$	300 kg	
	塩素酸カリウム	$KClO_3$	50 kg	マッチ
	塩素酸アンモニウム	NH_4ClO_3	50 kg	
	過塩素酸ナトリウム	$NaClO_4$	50 kg	
	臭素酸ナトリウム	$NaBrO_3$	300 kg	
	ヨウ素酸カリウム	KIO_4	300 kg	
硝酸塩	硝酸アンモニウム	NH_4NO_3	300 kg	肥料
	硝酸カリウム	KNO_3	300 kg	肥料
	硝酸銀	$AgNO_3$	300 kg	
亜硝酸塩	亜硝酸ナトリウム	$NaNO_2$	1000 kg	
過マンガン酸塩	過マンガン酸アンモニウム	NH_4MnO_4	1000 kg	
	過マンガン酸カリウム	$KMnO_4$	1000 kg	
クロム酸塩	二クロム酸アンモニウム	$(NH_4)_2Cr_2O_7$	1000 kg	
	二クロム酸カリウム	$K_2Cr_2O_7$	1000 kg	
無機過酸化物	過酸化ナトリウム	Na_2O_2	50 kg	
	過酸化マグネシウム	MgO_2	50 kg	
酸化物	三酸化クロム	CrO_3	1000 kg	
	二酸化鉛	PbO_2	1000 kg	
	五酸化二ヨウ素	I_2O_5	1000 kg	

表 2-6　危険物第六類の例

物質名	化学式	指定数量	解　説
過塩素酸	$HClO_4$	300 kg	強酸
過酸化水素	H_2O_2	300 kg	高濃度のもの（60％以上）は不安定
硝酸	HNO_3	300 kg	
一フッ化臭素	FBr	300 kg	ハロゲン間化合物
五フッ化ヨウ素	IF_5	300 kg	

爆発的に燃焼することがある。爆発や燃焼は，空気（酸素）のない状態でも起こり，もちろん水に没していても起こる。このような性質をもった化合物は，危険物第五類（自己反応性物質）に区分されている。一般に酸化性官能基の数が多くなるほど化合物の安定性は減少する。たとえば，ニトロ基を一つしかもたないニトロベンゼン $C_6H_5NO_2$ は危険物第四類に属する安定な化合物であるが，三つあるトリニトロベンゼン $C_6H_3(NO_2)_3$ は危険物第五類となる。実際，トリニトロトルエン（TNT）は軍事用の火薬に用いられている。ニトログリセリンやニトロセルロース（硝化綿）などの硝酸エステルは，ダイナマイトなどの産業用火薬などとして用いられている。ニトロセルロースの安定性は，硝酸エステルの数が多いものほど低下する。

　酸化剤と還元剤（可燃物）の組み合わせからなる爆発性物質以外に，**表2-7** の危険物第五類には，衝撃などが引き金となって大量の熱とガスを発生しながら急激に分解するような性質をもった化合物も含まれている。ヒドラジン，アゾ化合物，ジアゾニウム塩，アジ化物（**図 2-4**），トリアゾール，テトラゾールのように分子内に多数の窒素をもった物質は，窒素 N_2 を解離するように分解する。海外では，自動車のエアバックにアジ化ナトリウム NaN_3 と銅化合物（触媒）を用いている国もある。衝突時にエアバックが作動できるほど急速に窒素を発生できる。

2章　燃焼の3要素　33

表 2-7　危険物第五類の例

品名	品名に該当する物品	構造等	指定数量
有機過酸化物	過酸化ベンゾイル	$(C_6H_5CO)_2O_2$	10 kg
	メチルエチルケトンパーオキサイド	$(CH_3COC_2H_5)_2O_2$	
硝酸エステル類	硝酸メチル	CH_3NO_3	
	硝酸エチル	$C_2H_5NO_3$	
	ニトログリセリン	$C_3H_5(ONO_2)_3$	
	ニトロセルロース	}(注1)	
ニトロ化合物	ピクリン酸	$C_6H_2(NO_2)_3OH$	
	トリニトロトルエン	$C_6H_2(NO_2)_3CH_3$	
ニトロソ化合物	ジニトロソペンタメチレンテトラミン	$C_5H_{10}N_6O_2$	
アゾ化合物	アゾビスイソブチロニトリル	$(C(CH_3)_2CN)_2N_2$	
ジアゾ化合物	ジアゾジニトロフェノール	$C_6H_2N_4O_{10}$	
ヒドラジンの誘導体	硫酸ヒドラジン	$NH_2NH_2 \cdot H_2SO_4$	100 kg
ヒドロキシルアミン	ヒドロキシルアミン	NH_2OH	
ヒドロキシルアミン塩類	硫酸ヒドロキシルアミン	$H_2SO_4 \cdot (NH_2OH)_2$	
その他のもので政令で定めるもの	アジ化ナトリウム	NaN_3	
	硝酸グアニジン	$CH_6N_4O_3$	

注1)　硝酸エステルの含有割合に応じて反応性が異なる。多いものほど，爆発性が大きい。

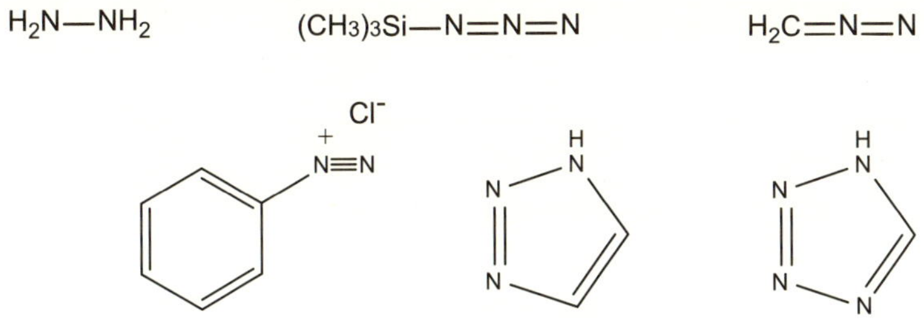

$$H_2N-NH_2 \qquad (CH_3)_3Si-N=N=N \qquad H_2C=N=N$$

図 2-4　アゾ化合物, ジアゾニウム塩, アジ化物の例

　窒素を含んだ水銀や銀などの重金属の化合物には爆発を起こしやすいものがある。たとえば, $Hg(NCO)_2$などのようなイソシアン酸塩は, 雷酸塩ともよばれ火薬の起爆剤として用いられている。また, 化学実験のテーマとしてよく行われる銀鏡反応の残渣（ザンサ）などを放置すると, 窒化銀 Ag_3N と銀アミド $AgNH_2$ からなる極めて不安定な化合物である雷銀の沈殿が生成する。雷銀はわずかな衝撃でも爆発を起こす。アンモニア性硝酸銀溶液を沈殿が生成するまで放置することは厳禁である。

　有機過酸化物では, 過酸化物基（-O-O-）に結合している置換基によって安定性が異なる。試薬として市販されている m-クロロ過安息香酸 $Cl-(C_6H_4)COOOH$ や過酸化ジ-t-ブチル $(CH_3)_3COOOC(CH_3)_3$ のように安定なものから, 極めて不安定で生成すると直ちに爆発的に分解するものまで多様である。これらの有機過酸化物は, アルケンやエーテルなどの有機化合物が空気中の酸素によって酸化される反応（自動酸化）によって生成することもある。そのため, 開封後長期間経過した溶媒や試薬には過酸化物が含まれている恐れがあり, 操作中にこれを濃縮または過熱することで爆発する事故が発生している。このように長時間経過した試薬や溶媒にはリスクが増加しているので, 不要になった化学物質は速やかに廃棄すべきである。

　有機過酸化物は, ケトンなどのカルボニル化合物またはカルボン酸無水物などが過酸化水素と反応することでも容易に生成する。そのため, 過酸化水素や無機過酸化物（過炭酸塩, 過酸化ナトリウム NaO など）を不用

コラム4　旅客機の酸素発生装置

　空気の薄い高空を飛行する航空機は，乗客・乗務員の酸欠を防ぐために機内の気圧を高めて（与圧）ある。このシステムが失われると，離陸前の安全アナウンスで毎回聞かされるように酸素マスクが降りてくる。酸素マスクには，安全に呼吸できる高度3,000 m付近まで降下するのに必要な15分間程酸素が供給される。大型ジェット機では，酸素マスクはキャビンの目立たないところに置かれた酸素ボンベにつながっている。一方，酸素ボンベでは重いために，小型のスプレー缶に薬品を詰めた酸素発生器が使われる飛行機もある。

　酸素発生器は簡単な構造で，乗客が酸素マスクを口元に引き寄せる動作でレバーが作動して内部の薬品の化学反応が起こり，純粋な酸素ガスが供給される。この時の反応熱で装置全体が高温になる。
　過去に使用期限が過ぎた多数の酸素発生器を段ボール箱に詰め旅客機の荷物室に積み込んで輸送したことが元で火災が発生して，墜落事故が起こり多数の人命が失われた事故が起こったことがある。運搬中にレバーが作動しないように固定してから梱包することを徹底しなかったため，運搬中に一部の装置が作動して，高温となりこれが他の装置内の薬品の分解（酸素発生）も誘発して高温かつ高酸素濃度状態になり，荷物室内で可燃物が激しく燃焼したことが原因であった。

　旅客機では，万一火災が発生しても自動的に類焼を防ぐ設備が備えられている。しかしこの事故の場合は，酸素が供給され続け，機体が燃え出すほどの高温で燃焼していたので消火は困難であった。本来このような危険物に相当する荷物は航空機で運搬してはならないものに指定されている。

表 2-8　混合すると危険な薬品（類）の組み合わせ

類	一	二	三	四	五	
一						酸化
二	×					可燃
三	×	○				発火
四	×	○	○			引火
五	×	×	×	×		爆発
六	○	×	×	×	×	酸化

○は危険性のない組み合わせ，×は危険性のある組み合わせ

意に他の廃棄物に混合することは厳禁である。

　可燃物と酸化剤の二つを人為的に混合することで火薬やロケット推進薬を作ることができる。花火などに用いられる黒色火薬以外にも，産業用のカーリット爆薬は酸化剤である過塩素酸アンモニウム NH_4ClO_4 にケイ素化鉄，オガクズ，重油などの可燃物を配合して作られている。同じく過塩素酸アンモニウムとアルミニウム粉末を合成樹脂で固めたコンポジット推進薬などもある。

　このことから，たとえ肥料として使われているようなありふれた物質であっても，酸化性物質と可燃性の物質との接触や混合は厳に避けるべきであることがわかる。試薬を廃棄する時には，絶対に酸化性物質と還元性の物質の混合が起こらないように注意しなければならない。同様にこれら2種類の物質を同じ薬品庫や試薬棚に置くことは，地震等で容器が破損して中身が漏れ出た場合，発火する，または爆発性の混合物が形成される恐れがある。このような理由から導き出せる，類の異なる薬品の保管や運搬時に避けるべき組み合わせを表 2-8 に示す。

　これまで説明した火災の原因物質に対する消防法による危険物の規制には次のような特徴がある。他の法令でよく見られるような個々の対象物を

個別に規制するやり方とは異なり，以前には知られていなかったような新しい物質や多成分からなる混合物などであっても物理化学的性質をもとに自動的に分類され法令による規制がかかるようになっている。

① **類の分類**：酸化性，自然性，発火性，自己反応性など物質の化学的性質について，その有無を所定の方法で調べた結果に基づいて類を定める。固体，液体を区別する。

② **指定数量の決定**：沸点，引火点，発火点など物質に固有の物理化学的性質に基づいて類の中での区分を定め，当該区分（主として危険性）に応じて指定数量が定められる。

表 2-9 指定数量の例

品名	保有量 (L)	類・区分	指定数量 (L)	割合 (%)	備考
エーテル	4	特種引火物	50	8	ガロン (3 L) 瓶 × 1 500 mL 瓶 × 2
ヘキサン	19	第1石油非水溶性	200	9.5	18 L 缶 × 1 500 mL 瓶 × 2
酢酸エチル	19	第1石油非水溶性	200	9.5	18 L 缶 × 1 500 mL 瓶 × 2
トルエン	19	第1石油非水溶性	200	9.5	18 L 缶 × 1 500 mL 瓶 × 2
アセトン	20	第1石油水溶性	400	5	18 L 缶 × 1 500 mL 瓶 × 2 500 mL 洗瓶 × 2
メタノール	20	アルコール類	400	5	18 L 缶 × 1 500 mL 瓶 × 2 500 mL 洗瓶 × 2
合計				46.5	

③ **指定数量による総量規制**：物質個々の量または各類に属する物質の総量ではなく，その実験室または建物（防火構造によって異なる）を一つの単位として，危険物に該当する全ての物質のそれぞれの指定数量に対する割合の合計によってリスクの大きさを判定し，必要な法的規制が定められている。全ての物質の割合の合計が20％を超えると，第1段階の規制として各市町村の火災予防条例が適用され，少量危険物取扱所として届出義務が生じる。また，指定数量を超えると，規制として消防法が適用され，危険物施設として許可が必要となる。

指定数量は，その単位や値を一見すると大学の実験室とはかけ離れたもののように見えることもあるが，危険物第四類特殊引火物や第1石油類を考えると，実験室の現実からそれほどかけ離れたものではない。

表2-9の例のようにエーテル，ヘキサン，酢酸エチル，トルエン，アセトン，メタノールを保有している実験室では，それらだけで既に指定数量の46.5％に相当する。さらに，保管されている廃棄物も問題となる性質を有していれば該当する。たとえば，主に第1石油類非水溶性物質に相当する成分からなる非ハロゲン系廃溶媒は，これも危険物第四類として扱われる。他の類の危険物が存在すれば，さらにここに加算される。

2-4　エネルギー

発火点以上の温度に熱せられた可燃物は，空気に触れると燃焼を始める。空気中に置かれた発火点より低い温度の可燃物は，外部からエネルギーを与えられない限り燃焼する恐れはない。アーレニウスの式から化学反応の速度は温度が高いほど大きくなる。反応開始直後の低い温度では遅い反応であっても，発熱反応では反応熱で温度が上昇すると速やかに進むようになる。燃焼反応も同様で，外部からのエネルギーを得て燃焼が始まった後，しばらくの間はそれほど急速に燃焼が拡大することはない。しかし，一旦反応がある速度以上で進みだせば発生する熱でこの温度が維持できるようになり，さらに燃焼の継続に伴い急激な温度上昇が起こり燃焼が拡大する。

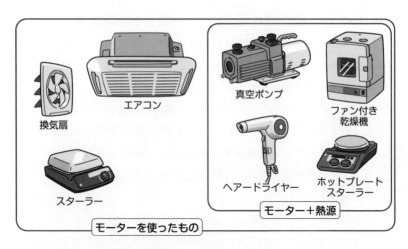

図 2-5　火種の可能性となる実験室で普通にみられるもの

このように酸化還元反応を維持するためのエネルギー（熱）が，酸化剤および還元剤に次ぐ燃焼に必要な3番目の要素となる。

　燃焼範囲内にあたる可燃物蒸気と空気の混合気体は，気体分子どうしの反応速度が固体や液体に比べ非常に大きい（すなわち，活性化エネルギーが小さい）ので，衝突や摩擦で生じる火花，電気スイッチや静電気で起こるスパークなど，わずかなエネルギーが引き金となって燃焼を始め短時間に大きな熱を発生する。実験室には**図 2-5**のような防爆仕様でない機器が，多く見られる。モーター（マグネチックスターラー，遠心機，換気扇），乾燥器やヘアードライヤーなどの電熱ヒーター，電源コンセントやスイッチ（ON，OFF），湯沸かし器，ホットプレートなどほとんどの電気製品が火種になりうる。**コラム 5**にヘアードライヤーやヒートガンが実際どれくらい高温になるか示した。

　実際に引火性液体の燃焼では，燃焼が継続するために必要な蒸気が持続的に供給されるために，引火点より10℃ほど高い温度が必要とされている。一方，固体の可燃物が空気中で燃焼を始めるためには，しばらくの間熱を与え続け部分的に発火点以上に熱せられることが必要である。このと

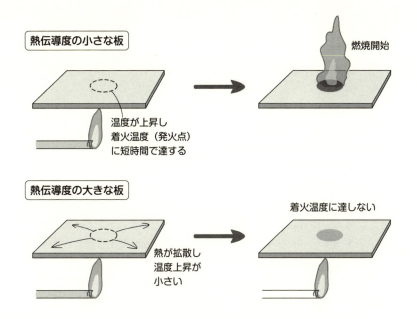

図 2-6　熱伝導度の違いによる着火のしやすさ

き熱源から与えられた熱量は熱伝導によって拡散するため，熱伝導率の小さな物質の方が局部的な温度上昇が起こりやすく着火しやすい。とくに，多孔質や繊維状の物質（粉炭，紙，綿くずなど）は表面積が大きいためだけでなく，熱伝導も小さく，局部的な加熱または火種と接触することで火がつきやすい（図 2-6）。

コラム5　一般用電化製品と化学実験

　大学の実験室を見渡すと幾つかの家庭用電化製品が使われていることに気がつく。古くから有機化学の実験室では，火災の原因となる有機溶媒が使われているので，ガスバーナーのような裸火の使用に対して注意が払われてきた。その結果，加熱には水浴，オイルバス，ホットプレートなどの実験器具が使われている。オイルバスなどには温度上昇に時間がかかり，使用後は高温状態が続き火傷などの原因になりやすいこと，さらには器具の外側がオイルなどで汚れるなどの欠点があり，家庭用のヘアードライヤーやプラスチック加工などに使われる工具のヒートガンが多用されるようになった。

　ヘアードライヤーは，頭髪に使用できる温風であり一見火種とは無関係のような気がするが，使用中に内部を覗くと赤熱した電熱線が見られ，250℃以上の高温部分（紙が発火する温度）がある。また，ヒートガンは短時間に数百℃の熱風を得ることができるので，フレームレスの加熱道具として組み立てた実験用ガラス器具を乾燥させるためなどに便利である。しかし，サーモカメラで撮影すると，ヒートガンの内部は700℃以上，外側でも300℃以上となり可燃物が燃え出すのに十分な温度である。実際に実験室火災の火種となった例は多数報告されている。

 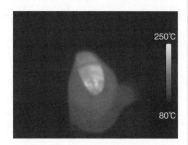

ヘアードライヤー
　外側プラスチック部分でも 80℃以上になっている。

 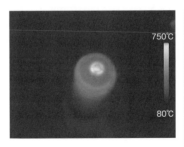

ヒートガン
　樹脂を加熱変形させるのに十分な高温の風が出ている。

 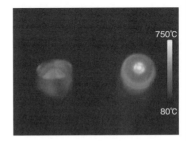

ヘアードライヤーとヒートガン
　ヒートガンは，外部金属部分でも紙を発火させるのに十分な高温である。

3章

消火の原理と消火器・消火剤

3-1 難燃性物質・不燃性物質

　酸素やハロゲン原子を多く含んだ酸化数の大きな物質は燃えにくく，とくにハロゲン原子には燃焼反応を阻害する性質がある。炭素1個のメタンの置換体で比べると，塩素が1個のクロロメタン CH_3Cl は空気中で燃焼するが，ジクロロメタン CH_2Cl_2 は蒸気圧の大きな物質であるが空気中で燃焼することはほとんどなく，クロロホルム $CHCl_3$ は燃焼しない。さらに四塩化炭素 CCl_4 になると以前は消火剤として使われていた。現在でも，臭素を含んだ化合物は繊維製品などの難燃処理剤として用いられることがある。難燃処理されたものは，処理されていないものに比べて発火するために高い温度または長時間の加熱が必要となるだけなので，本質的に燃えない不燃性とは違うことに注意が必要である。たとえば，水は不燃性の物質なので，水分を多く含んだもの，たとえば湿った紙や薪(マキ)には火がつきにくいが，しばらく経つと乾燥して火がつく。

　ガラス，セラミック，石材，コンクリート製品などはよく知られているように不燃性である。一般的な金属材料である鋼材，ステンレス，アルミニウム，銅なども，粉末や綿状に加工されたものなどを除けば不燃性である。難燃性物質や不燃性物質は不燃性構造物の材料として用いられる。毒性のない不燃性の気体（窒素，二酸化炭素）または液体（水）は，消火剤の第1候補として選ばれる。火災の種類によって，不燃性塩類（炭酸塩，リン酸塩など）の微粉末を窒素または二酸化炭素ガスで噴射するものや，

45

薬液（炭酸カリウムまたはリン酸塩）の濃厚水溶液または泡を噴射することで，ガスや水の効果が高められたものは消化にも用いられる。

3-2　消火の原理と消火剤 ─────────────

（1）消火の原理

　燃焼の3要素の一つを取り除けば燃焼の継続は阻止できる。ガスコンロを使用しているときに，コックを閉じればガス（可燃物）の供給がなくなり消火できる。このように，燃焼を利用する機械装置では，燃料の供給を調節することで熱エネルギーの発生量の調節や消火を行う。しかし，火災のように人為的に制御された状態以外で起こる燃焼では，可燃物を遮断することによって簡単には消火できない。実際に火災の消火には以下のような消火の原理が組み合わされている。

① **可燃物の除去・遮断**：油やガス漏れが原因で発生した火災では，コックを閉じるなどの方法で供給を遮断することが第一に求められる。近傍にある可燃物は火災の拡大の原因となるので，これらを安全な場所に移動させることも優先して行わねばならない。

② **可燃物の希釈**：不燃材料でできた消火剤を可燃物に加えることによって，可燃物を希釈させる。たとえば気体可燃物に二酸化炭素のような不燃性ガスを加えれば，可燃性ガスの濃度は燃焼範囲以下に希釈できる。

③ **可燃物の遮蔽**：固体や液体の表面で可燃性ガスが発生して燃焼している場合，これらの表面を消火剤で覆ってやればガスの供給を妨害でき，燃焼を止めることができる。泡の消火剤は，液体や固体の表面をうまく覆うことができるので，油や木材の消火に効果がある。

④ **酸化剤の希釈（窒息消火）**：消火剤によって，空気中の酸素分圧を低下させることで燃焼を阻害させる。二酸化炭素のような不燃性ガスによる消火の原理にはこのような効果も含まれる。

⑤ **酸化剤の遮蔽（窒息消火）**：空気中の酸素が酸化剤になって燃焼して

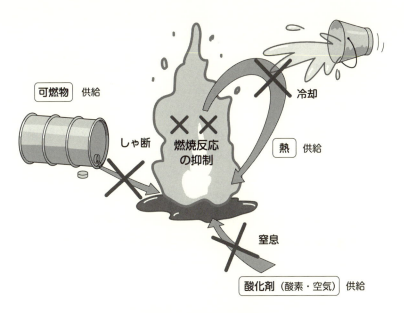

図 3-1　消火方法の例

いる場合，燃焼しているものを不燃材料で覆ってやることで空気と遮断できる。ガラス繊維などで密に編まれた消火布や水で濡らしたバスタオルなどは，空気と可燃物の接触を遮断することで上述の可燃物遮断と窒息両方の効果が相乗的に働く消火用具である。泡の消火剤にも同様の効果がある。

⑥ **冷却**：燃焼しているものを冷却してやることで消火できる。水による消火の主な原理である。石油タンクなどの油火災でタンクに放水するのは，水でタンクを冷却するためである。二酸化炭素消火器では，噴射に伴って液体の二酸化炭素が気化することで急冷されドライアイスの粉末が生じ，冷却による消火効果も期待できる（**図 3-1**）。

⑦ **抑制**：ハロゲンを含んだ物質のもつ燃焼を継続させる反応を妨害する作用によって消化する。

3-3　火災に応じた消火剤の選択 ─────────────

　消火剤の物理的・化学的性質に応じて適応できる火災の種類が限定される。さらに，消火活動中の２次災害発生や周辺の施設などへの被害波及などの影響を考慮して，消火剤や消火方法を検討しなければならない。たとえば，四塩化炭素やハロンなどの有機ハロゲン化合物は窒息消火や抑制消火に適した性質を兼ね備えたものであり，以前は小型消火器から大型消火設備まで用いられていた。しかし，有毒性やオゾン層破壊・温室効果ガスとしてとしての環境破壊の原因物質であることから現在では使用されていない。二酸化炭素や窒素などの不燃性ガスは，ガスの密度が小さいために拡散しやすく効果が持続しないが，消火作業によって周辺の精密機械などに被害を及ぼすことはない。粉末消火剤は，固体の火災には表面を微細な粉末で密に覆うことができ，可燃物と空気との接触を長時間遮断できるので効果が大きい。しかし，コンピュータや精密機械に粉末が入り込むことで故障の原因となる。

　水は優れた消火薬剤と考えることができる。特に液体の水は，大きな気化熱をもっているので強い冷却効果があり，固体表面を濡らすことで可燃物と空気との接触を遮断できる。しかし水は油より密度が大きいので，表面で燃焼している液体の油による火災に使うと，油層の下に入り込み表面を覆う効果がなく消火できない。かえって，燃焼している範囲を拡大させることにもなる。

　水のもつこの欠点を補ったものとして，薬液（強化液）または大量の泡を噴射する油火災にも使用可能な消火器がある。薬液の働きの一つとして，油脂などの火災に用いると高温になっている油脂を加水分解することで燃焼を阻害する働きもあると考えられている。泡の効果については先に述べた通りである。一方，霧状の水で消火するときは，気化して水蒸気になることで冷却効果が大きく，大量の水蒸気が発生するので可燃性ガスや酸素を希釈する効果も大きい。そのため大型石油タンクなど油類の火災にも使用できる。しかし当然のこととして，禁水性のリチウムやナトリウムによる火災，漏電や感電の２次災害をもたらす恐れのある電気関係の火災には，

48

表3-1　火災と消火器の組み合わせ

主として燃えているもの	消火剤							備考
	水	強化液	泡	粉末	二酸化炭素	乾燥砂	金属専用消火剤	
危険物第二類	推奨	推奨	第二選択	非推奨[1]	非推奨[1]	非推奨[1]	非推奨	1) 一旦消火したように見えても時間がたつと再び燃え出す
危険物第三類固体	非推奨	非推奨	非推奨	第一選択推奨	非推奨	推奨[2]	推奨	2) 固体は砂の中で燃焼が続く。砂に埋めたまま不燃性密封容器に入れ完全に消火する
危険物第三類液体	非推奨[3]	非推奨[3]	非推奨	第一選択推奨	非推奨	非推奨	第二選択	3) ほとんど有機溶媒が燃えていて火勢が非常に強い場合大量の消火剤で一気に消す
危険物第四類	非推奨[3]	第一選択推奨	非推奨[3]	第一選択推奨	第二選択	非推奨	非推奨	3) ほとんど有機溶媒が燃えていて火勢が非常に強い場合大量の消火剤で一気に消す
危険物第五類	推奨[4]	非推奨	非推奨	非推奨	非推奨	非推奨	非推奨	4) 大量の水で冷却するしかない。それでも爆発のリスク大
使用上の注意	電気機器・水に混ざらない有機溶媒には使えない	電気機器には使えない	電気機器・水に溶けやすい有機溶媒に使うと泡が消える	精密機械・光学装置を損傷する	電気機器・精密機械などの場合は第一選択	あまり実用的でない	適応物質にのみ可	

3章　消火の原理と消火器・消火剤　49

主な適応火災
　下記物質の火災に対して有効です。
・ナトリウム，カリウム，チタン，鉄
・上記金属の合金
・カルシウムカーバイド
　（炭化カルシウム）

図 3-2　金属火災用消火器

水をベースとする消火器を使うことはできない。消火器に電気火災に使用可能と表示されていても，通電を完全に遮断して 2 次災害の危険性を無くすまでは使用しない方がよい。化学物質が使われていた建物などの火災を水によって消火した場合，消火活動で生じた廃水にはさまざまな有害物質が含まれるので，これをそのまま河川等に放流してはならない。

　危険物第三類に該当する物質は高温で激しく燃焼し，アルミニウム，亜鉛，鉄のように元来禁水性ではなくとも，高温に熱せられた金属は水に触れると水素を発生する。さらに，リチウム，ナトリウム，カリウムなどの金属は二酸化炭素とも反応し，リチウムは窒素と反応して窒化物を形成する。これらによる火災を一般建物や実験室に設置されている消火器で消火することは困難である。リチウム，ナトリウム，マグネシウムなどの発火性金属火災には本体が黄色に塗られた専用の容器に入った金属火災用消火剤を使う（図 3-2）。消火器には火災の種類に応じた適用範囲が表示されているので，表示に従って使用しなければならない。一般的な火災と消火器との組み合わせおよび使用上の注意を表 3-1 に示す。

3-4 消火活動における事故防止

　実験室で実際に火が出たらどのように燃え広がるかについて調べるため，実験台上にこぼしたヘキサンに点火した実験のようすを図 3-3 に示す。ヘキサンは非常に燃えやすいので引火したら手に負えなくなりそうな気がする。実際にヘキサン 10 mL と 100 mL を実験台の上にこぼしてこれに着火してみた。想像したとおり 10 mL というわずかな量でも，炎は一旦 50

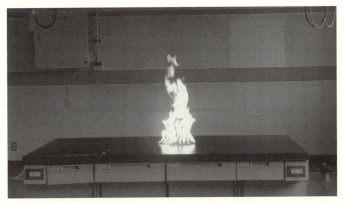

10 mL のヘキサンに点火

100 mL のヘキサンに点火

図 3-3　ヘキサン火災の写真

3 章　消火の原理と消火器・消火剤　51

cmほどの高さまで大きく立ち上がる。100 mLになると実験台一面に2 m近く炎が上がる。しかし、30秒ほどで燃え尽きて自然に消えてしまう。この実験から台上または近傍に可燃物がない、または着衣などに燃え移らない限り、落ち着いて行動すれば大事に至る心配は少ない。

　実際の実験台には、ガラスビンやプラスチック洗瓶に入った引火性溶媒、ティッシュペーパー、プラスチック製品などの可燃物が置かれていることが多い。このような実験台にヘキサンをこぼして点火すると、先の場合のようにはいかなくなる。大きく立ち上がった炎から直ちにティッシュペーパーなどに引火し、その後さまざまな可燃物に引火し燃え始める。最初のヘキサンが燃え尽きたであろう時間の経過後も、さまざまなものが燃え出していて火の勢いは収まらない。図 3-4 で注目してほしいのは、熱で内部の圧力が上昇してプラスチック洗瓶に入ったエタノールが、先端から炎を上げながら噴出している様子である。このような形で火災は当初の実験台から、実験室の床面などへと拡大していった。また、このような火のついた溶媒が衣服や顔面・頭部にかかれば、直ちに人命にかかわる事態を招く。

図 3-4　実験台火災

火災に遭遇したら

万一火災に遭遇したら，危険物等の関係する火災は急激に拡大するので，人の生命を守ることを第一に行動しなければならない。

(1) 周囲に知らせる

大きな声や火災報知器を作動させることで，火災が発生したことを周りの人に知らせる。

(2) 安全に避難

けが人や障がい者など自力で避難が困難な人を安全に避難させることを最優先する。

(3) 119番通報

速やかに119番通報と大学内の定められた部署に通報すること。けが人がいる場合は，火災だけでなく，けが人の情報も通報することも忘れてはならない。

もちろん小火程度であれば，消火器などで自力消火することも考える。そのためには，普段から，消火器の設置場所・数量・取り扱い方法など訓練を通じて知っておくことが大切である。火災の原因，範囲，燃焼物の性質や量などを理解していないと，爆発・有毒ガス発生などを招いたり，適切な消火方法が選択できず火を消せないことが起こる。そのため，かえって危険な状態を招いてしまうことにもなる。

自力で消火に当たるときに必要なことを以下にまとめる。これらをできるだけ正しく短時間で判断することが被害を小規模で食い止め，事故の拡大を防げる。

3章　消火の原理と消火器・消火剤　53

① **火災の原因**：どんなことで火災が起こったのか？
② **火災の状況**：今，何（物質）がどれだけ（量・範囲）燃えているのか？近傍や室内にある可燃物の種類と量は？
③ **消火方法の選択**：①と②の結論をもとに，適当な消火方法は何か？また，すぐにそれは必要なだけ手に入るか？
④ **消火に従事できる人**：救助と避難誘導に当たる人員を除いて，消火活動に従事できる能力をもった（パニック状態になく訓練受けた実績のある）人員は少なくとも複数人いるか？絶対に単独で消火活動に当たってはならない。

上の③と④で否定的な結論や疑問があったら，自力で消火することは断念して，類焼防止措置をとって自身も避難するべきである。避難は火災が発生した階と上階を優先する。この場合，防火扉などを閉めて避難するようにする。一旦避難したら，絶対，建物の中に戻ってはならない。

自力消火を行うときは，消火活動時の安全と2次災害防止措置，すなわち，

必ず火と逃げ口の間に立って消火する

図3-5　消火時の立ち位置

・周辺にある可燃物，有毒ガス発生源，高圧ガス設備などの安全な場所への移動，
・消火活動非従事者の避難，
・自身の安全と避難経路の確保への対応を万全にしてから着手する。

　消火活動中における，従事者の安全確保は極めて重大である。特に，生命にかかわるような被害をもたらす着衣や頭髪への引火と有毒ガスによる中毒には，消火活動中常時気をつけていなければならない。また，避難経路と自分の間に延焼現場を置くような位置関係で活動すると，消火に失敗したとき自身の逃げ場を失ってしまう。

　なお，大学の研究室の火災通報における上記の ① と ② の情報は，消防隊の活動に必須である。これらの情報の中でも特に，現場に取り残されている人の有無，禁水性物質の有無，爆発の危険性の有無，有毒ガスなどの拡散の有無などは，速やかにかつできるだけ正確に伝えなければならない。

3章　消火の原理と消火器・消火剤　55

4章

火災防止と危害防止
——日頃から注意すべきこと

4-1 燃焼の3要素の隔離

　燃焼の3要素が揃わないよう隔離しておくことが，火災防止の根本原理である。化学物質を保管する薬品庫や試薬棚では，いつもこの条件が達成されていることに気をつけている必要がある。しかし，実験室で化学物質を取り扱って実験研究する場合，このことを厳守することが困難になることは多々ある。たとえば，化学反応をアルコール中で加熱還流して行うことを考えてみる（**図4-1**）。反応を窒素やアルゴンなどの不活性ガス雰囲気下で実施できれば，反応系（フラスコ）中でこの条件は達成できている。しかし，乾燥空気中で行う実験であれば燃焼の3要素は揃ってしまう恐れが大きい。通常このような危険物第四類を引火点以上に加熱して行う反応が安全に実施できるのは，還流冷却器で溶媒の蒸気が反応系中から外部に漏れ出ないことのおかげである。その結果，反応系（フラスコ）内部は大気圧のアルコール蒸気で充満されており，酸素分圧はほぼ0%（燃焼の3要素は揃ってない）なので，ここから燃焼が始まる恐れはない。ガラス器具の擦り合わせ接合部分の緩みや冷却水停止などのトラブルが起こると，アルコールの蒸気が漏れ出て外部の火種が元で出火するリスクが生じる。

　このようなことから，実験研究に化学物質を使用するときには，外部への漏えいを防ぐための実験器具装置の選択が求められる。また，化学物質を保管するときにも，有効な容器を使い栓を確実に閉じて，外部に漏えいさせないことが求められる。合わせて，化学物質の保管には，地震などの

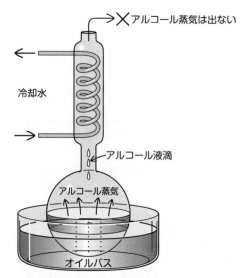

図 4-1　還流のイメージ

被害を防止する対策も求められる。過去に地震被害を受けたとき，大学の化学実験室だけから出火したケースがある。市販の乾燥溶媒の普及から，実験室で常時ナトリウム金属など禁水性物質を使ってジエチルエーテルやテトラヒドロフランの乾燥を行うことを最近ではあまり見かけなくなったが，過去にはこれらが火元となって火災が起こっている。

　改善されているとはいえ，先に述べたように，通常の実験室には現在でも火災の原因となる火種が数多く存在している。これらの中には気づきにくいものもある。防爆機能をもった機器への更新，静電気防止対策などリスクの大きさを考えながら対策を進めることがリスク低減に効果がある。

4-2　安全な化学物質の廃棄

　大学の実験室における化学物質がかかわる火災のかなりの部分は廃棄物

が原因となるものである。廃棄物の状態で可燃物（紙，木材，繊維など）と酸化剤の接触による自然発火で実際に火災が起っている。酸化剤以外にも硫酸や触媒などの化学物質の付着した紙製品は，直ちに変化が起こるケースはほとんどないが，乾燥や経時変化などによって発火し，ゴミ箱などから火災が起こることがある。

　学生や研究者は，薬品を入手した時点から反応を終え目的物を入手する時点まではそれが危険な化学物質であると認識し，取り扱いに注意を払っている。しかし，一旦目的の操作が完了すると，それ以降，化学物質との認識から廃棄物との認識へと変化する。また，研究計画が終了または変更され，その化学物質を使う計画が無くなると，たとえ試薬ビンに入った状態であっても廃棄物と認識されがちになる。すなわち，それまで払われていた注意は散漫なものになってしまう。

　大学の実験室で見られた化学物質廃棄物の不適切な取扱いは大きく分けると次のようなものである。これらは火災以外にも健康被害や環境汚染の原因ともなるので，廃棄物は発生したら安全に保管し，できるだけ速やかに処理することが鉄則である。

（1）保管方法の不備

　定められた容器以外の容器，たとえば使い古しの金属缶やポリタンクを用いる。缶の錆や腐食または樹脂の劣化のために液漏れが起こる。密閉されず，ひどい場合はロートが口に取り付けられたままになっている。中身の記載がない。

（2）不安全な置き（保管）場所

　使用されていない流しやヒュームフードに一時仮置きしてそのままにする（忘れてしまう）。化学物質保管場所以外の場所で保管する。ヒュームフードの下の物入れ（換気されない）や実験室の片隅，ひどい場合は戸外に置かれる。これらは盗難や漏えい事故にもつながる。

（3）混　合

廃棄物の処理費用削減のため中身不詳の廃棄物混合する。酸化剤と還元剤または酸と塩基の混合によって発熱やガスの発生が起こり，容器の破裂や中身の突沸によって事故が発生する。禁水性の物質と水との接触を招くような重大事故にもつながる。

（4）未熟者による取り扱い

廃棄物の処理や回収場所への搬入などの作業は研究室単位で行われ，下級生など未熟な者によって取り扱われることが多い。そうなると発火性・爆発性など高度な知識・経験が必要な化学物質が適切に取り扱われないことになる。

4-3　適切な器具・機器の使用とフェイルセーフの導入 ───

近年の材料の進化は，わずか数十年前には使われていなかったような優れた性質をもった新材料の使用を可能にしている。当然，実験器具の材質も進化している。優れた材質の器具を使えば実験はより安全なものになる。一方で，実験者達の実験操作や器具に関する知識は，以前のガラス・ゴム・金属などからできたものを使った時代からあまり変わっていない。また，多様な新材料の特性について専門外の研究者が正しく理解することも困難である。

合成樹脂製の実験器具には，以前のガラス製のものに比べて「割れない」，「軽い」，「けがの原因になりにくい」などの特長がある。ところが，素人目には区別がつかない樹脂材料であっても，耐薬品性や耐熱性といった実験器具の肝というべき重要な性質に大きな違いがある。たとえば，ポリエチレン製の器具は使用する条件を選ぶ。すなわち，水をベースにした酸や塩基に対する耐薬品性は大きいが，芳香族炭化水素等の有機溶媒への耐性は小さい。さらに，高々140℃程度の耐熱性しかもっていない。一方，フッ素樹脂製品であれば，耐薬品性は言うまでもなく，ガラス器具に勝る

耐熱性をもったものまである。

　実験に使用する機器も火災の主な原因となる。ヒーター類のスイッチの切り忘れや空焚きなどのいわゆるヒューマンエラーに加えて，本来の目的以外に使用したことも原因となる。ヘアードライヤーなどの一般家庭用の機械を実験室で目にするが，たとえば，ヘアードライヤーは「水で濡れた頭髪を乾燥させる」道具であって，「有機溶媒を蒸発させて器具を乾燥させる」または「小型フラスコや試験管に入った引火性物質を熱する」道具では絶対にない。ヘアードライヤーの内部を覗くと赤熱した電熱線が見える。すなわち溶媒の蒸気に点火するための火種そのものとなりうる。

　フェイルセーフとは大事故につながる可能性のある異常や小事故が発生した時点でこれを食い止め，大事故に発展しないようにする仕掛けである。有効な消火器の整備もこれに該当する。近年多種類の安全設備や機器が入手可能になっているから，爆発の恐れがある実験には防爆衝立を設置する，ヒーターの過熱防止には過熱通電遮断器を接続するなどの対策を取り入れるべきである。

　火災時の被害拡大を防止するためには，常時実験室の整理整頓に努め，不用品は片付けておくことが求められる。揮発性物質が置かれているヒュームフードの片隅で実験することは，万一出火した場合，周囲の引火性の物質へと類焼する恐れが大である。

5章

大学における事故例
から見たラボの安全

5-1 ラボで頻発する火災爆発事故原因 —————————

既にいくつかの火災の例をもとに記述してきたが，国立七大学事故情報共有システムに登録されている火災と爆発事故例の中で，同じようなことが原因で繰り返されているものについて述べる。これらの事故例を当事者以外と共有することで，皆で原因に対する注意を高め類似の原因についても事故防止に取り組めば，火災・爆発事故はかなり減少させることができる。

（1）実験器具の誤った使用

【例1】 ガラス製バイアル瓶の中で可燃性溶媒を使って化学反応させるときに，プラスチック製キャップで栓をして器具乾燥器（耐熱温度140℃）に入れて熱した。キャップが熱で溶けて溶媒蒸気が漏えいし乾燥機内部で引火した。実験者が外国で研究していた時同じやり方をしていた。その時は，事故は起こらなかったので同様に実施したが，その時の器具とはキャップの材質が違っていた。

材質の確認と使用条件のマッチングが必要なのは当然であるが，それ以前にこの事故では，器具の乾燥器は反応を行うための加熱器具ではないこと，密封状態で溶媒を加熱したら内圧上昇で溶媒蒸気が乾燥器内部に漏えいし，ヒーターなどが原因で乾燥機の爆発が起こるリスクに思い至ることが必要である。

【例2】 電気炉（500℃以上）内に不活性ガスを供給するため，ゴム管を本体に取り付けられた金属製のパイプに接続したところゴム管が燃え出した。ゴムの使用条件（耐熱性・着火温度）から考えて，この目的にはゴム以外の不燃材料を使わなければならないことは明らかである。

【例3】 再結晶操作で引火性溶媒を含んだ溶液を加熱するのに，ヒートガンを使ったところ引火した。コラム5にも書いたように，ヒートガンやヘアードライヤーは引火性物質を熱する，または乾燥させるためには使えない。特にヒートガンの直接の熱風は，通常の有機溶媒や紙の発火点を超える高温である。

【例4】 耐圧性のある薬品保管ビンを耐圧反応容器の代わりに使い，加熱反応させたところ，容器が破裂した。器具を目的以外に転用するときには，使用条件にマッチしているか確認が必要である。薬品ビンは加熱に使うことを目的で作られていない。使用中，内部の圧力はどれほど上昇するかしっかりと見積もるべきである。

（2）リチウムやナトリウムが関係する廃棄物の不適切な取扱い

【例1】 ナトリウムを用いた反応後，フラスコに残存するナトリウムをアルコールで分解中に発火した。火を消そうと慌てて近くの水道からフラスコに注水したため爆発した。このような状態で火が出てもフラスコの口の部分で燃えているだけなので，慌てずに中身をこぼさないように注意してガラス栓でゆるく蓋をするなどすれば火は消える。

【例2】 新聞紙に包んだリチウムの切れ端をビーカーに入れて使っていない流し台に置いておいたところ，別の人が水道で水を使い爆発した。アルカリ金属を絶対に水と接触させてはならないことは常識で，水を使うところに禁水性物質を置くのは厳禁である。水がかからなくとも，しばらくこのままで放置すれば発火する。リチウムなどの切れ端が出たら，直ちに処理に取り掛かることが必要である。

【例3】 約100gの廃棄リチウムを3Lのビーカー中で1Lのアルコールで分解処理中に発火した。リチウムとアルコールのモル比や発熱・ガス発生で失われるアルコールを考慮すると，このアルコール量では分解不能である。もし実際に分解するのであれば，発熱量が大きいことに留意して氷水などで外部から十分冷却しながら，もっと大量のアルコール中で操作する必要があった。安全に分解するために必要なアルコールの量は，すべてのリチウムが溶解して均一な溶液が得られる量である。コロイド状の不溶物が残るようでは不十分である。密封した状態で廃試薬としてそのまま業者に引き渡して処理するのが正しい。

（3）廃棄物の混合

【例1】 タンクに少量ずつ入った廃液を処理費用削減の目的でひとまとめにして排出した。中間処理場までの運搬中タンクの内圧が上昇し，破裂寸前まで膨張した。もし，公道で破裂事故などが起こったら，排出者（大学・個人共）は重大な責任を負うことになる。

【例2】 ピラニア溶液とのラベルが付いた廃液を他の廃液に混合したところ，突然中身が噴出した。研究に「ピラニア溶液」（実は過酸化水素と硫酸の混合物）のような化学用語ではない慣用名を使ってはならない。中身の情報を共有することが研究を安全に行うための第一歩である。過酸化水素と硫酸の混合物がアセトンなどのケトンと反応すると，爆発性の過酸化物を生成することがあるので，人命にかかわる事故につながる恐れもあった。中身情報を明示して混合することなく処理業者に引き渡すこと。

【例3】 多種類の固体の廃試薬をビンから取り出し，そのまま段ボール箱に入れたビニール袋に集めていたところ発火した。水素化ホウ素ナトリウムが含まれていた。廃棄物には中身を明示して，廃棄物を混合するときは反応に伴うリスクを検討することが必要である。中身が不詳のものは絶対に混合しないこと。そもそも，段ボール箱に入れて排出できる廃棄物は，化学物質や感染性物質で汚染されていない産業廃棄物に限られる。処理中

5章 大学における事故例から見たラボの安全 65

に事故が起これば排出者責任は免れない。

5-2 爆発事故のリスク軽減

　大きなエネルギーを瞬間的に放出する爆発は、大学においても過去に何例も、人命にかかわる重大事故を起こしている。万一にも爆発のリスクがあるような実験、すなわち危険物第五類該当物質の使用、酸化剤と還元剤の混合、高圧下の反応などに着手するときには、次のようなコンセプトに従ったリスク軽減対策を実施しなければならない。そのためには普段から過去の事故情報や最新の材料・装置などに精通し、入念なリスクアセスメントを実施する必要がある。
　たとえば、ある物質を入手するためには合成する必要があるが、それに

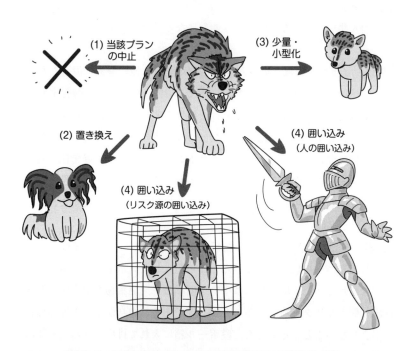

図5-1　わかっているリスクを軽減させる基本的方法

はリスクが大きいと判断される場合，どこかで市販されていたら高価であっても，それを購入するのも一つの方法である。このやり方は下の（1）当該プランの中止に相当する。（1）の考え方は，研究そのもののオリジナリティーなど本質に関係しないならば，できるだけリスクの大きな方法を避けるというものである。また，以下の（2）～（4）の方法を使ってもリスク軽減が十分でないと判断される場合，勇気をもってそのプランそのものを断念することも大切である。

（1）当該プランの中止

爆発の危険性が大きい物質・方法を避けて，それらを使わない方法にプランを変更する。過去に何度も事故を起こしているような危険物第五類や取り扱い経験の少ない危険物第三類の使用および高圧または高温条件などを使うプランを避ける。

（2）置き換え

リスクのより小さな代替物質や低い圧力・温度条件を使うプランに変更する。たとえば，より引火性の小さい薬品や触媒などを利用した低温，低圧反応を採用する。

（3）少量・小型化

全体の取り扱い量を小さくする。

（4）囲い込み

上述（2），（3）の対策と並行して，爆発が起こっても人的被害が発生しないような設備や保護具を使用して，危険な反応装置や人を囲うことで守る。

5章　大学における事故例から見たラボの安全　67

最後に

実験者の意識改革，リベラルアーツの重要性

読者諸氏も気がついていると思うが，例にあげた火災の多くでは，その直接の原因すなわち火が出た原因は，「やってはいけないことをやったがためである」との一言で片づけられてしまうものである。大学で勉学研究に従事している誰もが知らないはずのない当たり前のことが，何故事故を起こしてしまうのか。本書を執筆中に，ここ40年で進んだ"知識と経験のアンバランス"，"責任意識の欠如"とこれらを助長する"成果第1主義"に大きな原因があることに気がついた。

筆者らが大学受験した当時でも，化学の勉強は暗記物中心であったことに変わりがない。当時は実験できない知識は写真資料集にある画像のみであった。現在の AV 教育システムの方がはるかに現実的な視覚情報を与えてくれる。しかし，実験実習重視の入学後の教育の方が，経験に裏打ちされた知識の醸成には役立っている。残念だが，大学カリキュラムにおける実験実習の相対的ウェイトは低下の一途にある。

大学における成果主義の強化が，最近の教育研究における知識と経験のアンバランスを別のサイドから助長している。我々大学人は国民の税金を使って教育を受け研究に従事していることは忘れてはならないが，その目的として役に立つ研究・成果のみを第1に掲げることは問題である。もちろん，役に立つ研究・成果の追求そのものは誤ったものではないが，その過程で広大な知の領域にある極わずかな分野にのみ「役に立つ」レッテルを貼り，それ以外を「役に立たないもの」と切り捨ててしまってはならない。大学の教育研究の最大の目標は，「力を合わせて広大な知の領域を切り開いていくこと」，「社会的責任を全うできる優れた人材を世に送り出す

こと」である。さもないと，行き過ぎた成果主義が研究者のモラル破壊やコンプライアンスの軽視などを引き起こし，「目的や結果が方法（やり方）を正当化する」事態を招いてしまう。

　我々自身もそうだが，事故の原因を追究し再発防止を考えていくと，リスクの軽減のためには「○○しなければならない」とか「××してはならない」など英語の"must"や"mustn't"のような管理者・監督者的な考えに陥りがちである。これでは大学の自由な活力を削いで弱体化させてしまうことにつながる。しかし一方で，今そこにあるリスクを抑え込むことも必要である。学生など若い読者諸氏には大変申し訳ないが，十分な知識と経験が身に付くまでは"must"や"mustn't"で記された項目についてはこれをしっかりと実践してもらいたい。さらに，できるだけ実物に触れることで，自身の専門とその周辺の限られた分野を飛び越え好奇心を旺盛にして，化学から自然科学さらには人文社会科学の分野まで，いわゆるリベラルアーツの世界へと知識の探究を進めていってもらいたい。そうすれば，いずれ"must"や"mustn't"のもつ本当の意味が理解できるようになり，優れた指導者，独創的な研究者として成長していくことになる。また，経験のある指導的な研究者である読者の方々には，指導している若い人たちに窮屈な管理監督下にあると感じさせない伸び伸びとしたリスク軽減を行い，研究グループの活力を高めていってもらいたい。

用 語 解 説

（　）内は，本文出現ページ

◆酸化還元反応（p.1）

　二つのものの間での電子のやりとりによる酸化反応と還元反応は，必ずセットになって起こる。この時どちらが酸化されあるいは還元される（還元剤になるか酸化剤になるか）かは，電子を相手から奪い取る（相手に与える）力の相対的な差によって決まる。したがって，酸素と強く結合しており通常は相手に酸素を与える（電子を奪う）性質はないと考えられる水や二酸化炭素であっても，ナトリウムのような電子を放出する性質の強い相手に対しては酸化剤として働く。そのため，水は水素に，二酸化炭素は炭素にそれぞれ還元される。

◆消 防 法（p.19）

　火災予防，被害防止，消火を主たる目的として定められた総務省が所轄する法律である。法律の詳細は消防法施行令（政令）および消防法施行規則（省令）で定められている。本書ではこれらの法令をまとめて消防法と記載した。法令では，建物設備の構造および材質，消火設備，危険物とその取り扱い，消防署および消防団の活動などの内容を包括的に規定しており，関連して地震や自然災害時および救急救助についての定めもある。都道府県市町村などの自治体の条例によって，さらに細かく規定される。

◆可 燃 物（p.20）

　大気中で着火した後は，外部から熱または酸化剤が供給されることがなくても燃焼が持続するものを可燃物と定義する。安定な酸化物が形成する元素を成分にもったものは原理的に空気中で強く熱せられれば酸化反応が起こる可能性がある。しかし，このような酸化反応が持続的に起こるために継続的な酸素の供給や加熱を要するものは可燃物ではない。固体の物質では，成分が同じであっても表面積や熱伝導性などに応じて可燃物であったりなかったりするものもある。たとえば，炭素でできたダイヤモンドは酸素中レーザー照射などで強熱しないと燃焼しない。

◆国立七大学事故情報共有システム（p.63）

　国立七大学環境安全衛生担当者連絡会議で，各大学が独自に収集している事故情報を共有して，事故の再発防止に役立てることを目的として運用されているデーターベースである。北海道，東北，東京，名古屋，京都，大阪，九州の主要国立大学のほか，一部の国立大学および国立研究所などが加盟して，2017年末現在で約9,600件の情報が集積されている。情報の性質上，閲覧等は加盟大学に限定されている。

索 引

◆あ 行

亜酸化窒素　30
アジ化物　33
アセチレン　20
アセトニトリル　29
アセトン　29
アゾ化合物　33
アルキルアルミニウム化合物　22
アルコール類　27
アルミニウム　22
泡消化器　48
硫黄　22
イソシアン酸塩　35
一酸化窒素　30
一酸化炭素　8
引火　26
引火点　26
液化酸素　31
エネルギー（熱）　19
m-クロロ過安息香酸　35
塩化水素　12
塩素　30
塩素酸カリウム　31
オゾン　30

◆か 行

過塩素酸　31

過塩素酸アンモニウム　37
過塩素酸銀　31
化学カイロ　4
過カルボン酸　31
過酸化ジ-t-ブチル　35
過酸化水素　31
過酸化ナトリウム　35
過酸化物　31
ガソリン　27
過炭酸塩　35
活性化エネルギー　19
可燃性気体　25
可燃物　19
　－の希釈　46
　－の供給　19
　－の遮蔽　46
　－の除去・遮断　46
過マンガン酸　31
カーリット爆薬　37
還元剤　1
完全燃焼　7
危険物第一類　31, 32
危険物第二類　22, 23
危険物第三類　21, 22
危険物第四類　27, 28
危険物第五類　10, 33, 34
危険物第六類　31, 33
霧状の水消化器　48

73

銀アミド　35

金属火災用消火剤　50

金属の酸化　4

クロロホルム　45

クロロメタン　45

高圧ガス保安法　20

黒煙　13

黒色火薬　37

◆さ 行

酸化還元反応　1

酸化剤　1

　－の希釈　46

　－の遮蔽　46

酸化数　1

酸素の濃度（分圧）　29

三フッ化塩素　30

三フッ化窒素　30

ジアゾニウム塩　33

シアン化合物　12

ジクロロメタン　45

自己反応性物質　10, 20

自然発火　59

指定数量　20

自動酸化　35

支燃性（助燃性）ガス　20, 30

消火剤　45

蒸気の密度　29

硝酸　31

硝酸エステル　31

消防法　19

シラン　10

水素化アルミニウムリチウム　22

水素化合物　20

水素化ホウ素ナトリウム　65

水溶性物質　27

赤リン　22

遷移金属触媒　31

◆た 行

第1石油類　27

第2石油類　27

炭化カルシウム　20

窒化銀　35

窒素酸化物　12

窒素消化　30, 46

テトラゾール　33

テトラヒドロフラン　29

電気陰性度　1, 2

特殊引火物　27

トリアゾール　33

トリエチルアミン　29

トリニトロトルエン　33

トリニトロベンゼン　33

トルエン　27

◆な 行

ナトリウム　64

難燃性物質　45

二酸化硫黄　12

二酸化塩素　30

二酸化窒素　30

ニッケル　31

ニトリル　12

ニトロ基　31

ニトログリセリン　33

ニトロセルロース　33

ニトロベンゼン　33

燃焼　4

　−の3要素　1

燃焼（爆発）下限　25

燃焼（爆発）上限　25

不燃性物質　45

フラッシュオーバー　10

粉塵爆発　23,24

粉末消火剤　48

ヘアードライヤー　40,42,61

ヘキサン　29,51

ホスゲン　12

◆は　行

爆発　8

爆発性混合気体　10

白リン　20

発火　27

発火性・禁水性物質　19

発火性物質　20

白金　31

バックドラフト　10

パラジウム　31

ハロゲン単体　31

ハロゲンのオキソ酸塩　31

非水溶性物質　27

ヒートガン　40,43

ヒドラジン　33

ヒューマンエラー　61

ピラニア溶液　65

フェイルセーフ　61

不活性ガス　20

不完全燃焼　7

ブチルリチウム　22

フッ素　30

◆ま　行

マグネシウム　22

無機過酸化物　35

◆や　行

薬液（強化液）　48

有機過酸化物　35

有機ハロゲン化合物　48

有毒ガス　12

抑制　47

◆ら　行

雷銀　35

雷酸塩　35

リチウム　64

リチウムイオン電池　24

冷却　47

ロケット推進薬　37

6価クロム化合物　31

索　引　75

監修者・著者略歴

横 川 勝 二
（よこ　かわ　かつ　じ）

1972年　中京大学法学部卒業
1972年　名古屋市消防局
　　　　南消防署長・消防局理事等を歴任
2010年〜2013年　東邦ガス（株）消防担当部長
現　在　名古屋大学参事（防災）
専　門　消防，防災，危機管理

山 本 　 仁
（やま　もと　　ひとし）

1990年　大阪大学大学院理学研究科博士課程修了，理学博士
1991年　通商産業省工業技術院大阪工業技術研究所研究員
1997年　カナダ　アルバータ大学化学科博士研究員
2000年〜現在　大阪大学理学部・安全衛生管理部
現　在　大阪大学安全衛生管理部教授・副部長
専　門　有機金属化学，核磁気共鳴法，環境安全化学

村 田 静 昭
（むら　た　しず　あき）

1981年　名古屋大学理学研究科博士課程修了，理学博士
1981年　米国コロンビア大学化学科研究員
1982年　名古屋大学教養部・大学院人間情報学研究科・環境学研究科
1989年・1994年　ドイツ　アーヘン工科大学客員教授
現　在　名古屋大学大学院環境学研究科教授・環境安全衛生管理室長
専　門　有機合成化学，複素環化学，化学安全

富 田 賢 吾
（とみ　た　けん　ご）

2004年　東京大学大学院工学系研究科博士課程修了，博士（工学）
2005年　東京大学環境安全本部
2009年　大阪大学安全衛生管理部
2015年　名古屋大学環境安全衛生管理室
現　在　名古屋大学環境安全衛生管理室教授・副室長
専　門　環境安全学，化学工学

© 横川勝二・山本仁・村田静昭・富田賢吾　2018

2018年5月10日　初　版　発　行

消防の化学
化学物質の安全な取り扱いのために

監修者　横 川 勝 二
　　　　山 本　　仁
著　者　村 田 静 昭
　　　　富 田 賢 吾
発行者　山 本　　格

発 行 所　株式会社　培 風 館
東京都千代田区九段南4-3-12・郵便番号102-8260
電 話(03)3262-5256(代表)・振 替00140-7-44725

東港出版印刷・牧 製本

PRINTED IN JAPAN

ISBN978-4-563-04631-6　C3043

memo